「食」の図書館

タマゴの歴史

EGGS: A GLOBAL HISTORY

DIANE TOOPS
ダイアン・トゥープス【著】
村上 彩【訳】

原書房

目次

［……］は翻訳者による注記である。

序章◉タマゴをめぐるあれこれ

議論のない一日は、塩のないタマゴのようなものだ。
——アンジェラ・カーター

◉万物の源、タマゴ

タマゴの完璧な左右対称性、機能性、神秘性、象徴性、美しさは、太古から人類を魅了してきた。タマゴが時の始まり、生命の源、知恵、力強さ、生命力、生殖、死、キリストの復活などを象徴していることは、この世界と人間がタマゴから生まれたとする創世神話と関連がある。「すべての生命はタマゴから omne vivum ec ovo」というラテン語のことわざもある。世界各地に、万物は水中を漂うタマゴから生じたという言い伝えがある。アメリカの民俗学者ゾラ・ニール・ハーストン（1891〜1960）はこう語っている——「現在は過去が産み落としたタマゴであり、その殻のなかには未来が入っている」

万物の源である「賢者の石」（18世紀の銅版画）

そして万物の源としてのタマゴのイメージをわかりやすく表現しているのが「賢者の石」だ。賢者の石とは、不思議な力を秘めたタマゴ型の石で、タマゴに対する畏怖の念を象徴している。18世紀の銅版画には、賢者の石を壊そうとしている錬金術師が描かれている。錬金術師は、火と剣を使って賢者の石から知恵と知識を取り出そうとするが失敗する。その結果、タマゴは成長を続けて新しい生命を宿すことになるのである。

「中国人にとって、タマゴは単に使い勝手のよい食材であるだけではなく、もっと重要な意味をもっている」と、料理人のマーティン・ヤンは言う。

タマゴは重要な文化的シンボルであり、

エッグベネディクト。ポーチドエッグに、卵黄とバターとレモン果汁で作ったオランデーズソースを添えたもの。

ライフサイクルの始まりを意味するだけでなく、陰陽の一体性の象徴でもある。卵白は「陽」であり、陽は、明と男性エネルギーと天を象徴する。そして卵黄は「陰」であり、陰は、暗と女性エネルギーと地を象徴する。この陰陽が創造の象徴であるタマゴの殻という円のなかで一体化している。陰と陽を結合することは、知恵、真実、純粋、適正、親切のバランスを保つことだ。だから、タマゴは五徳を備えた食べ物とされているのである[1]。

タマゴを魅力的にしているのは、タマゴと世界の神秘的な関係だけではない。タマゴは料理でも魔法の力を発揮する。「トロトロの液体に熱を加えるだけで、あっという間に、その液体はナイフで切れるくらいの硬さまで固まる。タマゴほど簡単に大変身する食材はない」と、食品科学者のハロルド・マギーは言う(2)。

もっとも、タマゴはタマゴにすぎないという人もいるだろう。タマゴは無添加でおいしい、安価でタンパク質豊富な食品だ。単独でも食べられるし、料理の材料にも使える。冷蔵庫から取り出していつでも使える食材だ。タマゴが台所の最優秀選手であることは間違いない。どんな料理下手でも、タマゴを使えば家族のために朝昼晩の食事や間食を用意できる。驚くほどのことではないかもしれないが、アメリカの全家庭の94パーセントがタマゴを食べていて、各家庭の消費量は月平均33個、年間の消費量は396個にのぼるという。

国際的な市場調査会社のミンテル社が2011年に実施した調査によると、回答者の88パーセントが一般的な白いタマゴを好み、赤玉を好む人は27パーセント、有機飼育のタマゴを優先的に選ぶ人は27パーセント、放し飼い飼育のタマゴを好む人は14パーセントだという。その一方で、回答者の30パーセントが、コレステロールへの懸念からタマゴを食べる量を減らしている。また、57パーセントの回答者は、有機飼育のタマゴが一般的なタマゴよりも健康に良いとは信じていない。

◉タマゴは健康に悪いか?

タマゴは健康に悪い――その評価が結局は不当なものだとわかるまで、タマゴが健康に良いか悪いかについては数十年間にわたって激論が交わされてきた。まず、1977年にアメリカ上院の栄養問題特別委員会が大々的に発表した『アメリカの食事目標』という報告書は「タマゴは動物性

Nutrition Facts
Serving Size Large Egg (50 g)
Servings per container 1
Amount Per Serving
Calories 71
Calories from Fat 45
% Daily Value*
Total Fat 5g 8%
Saturated Fat 2g 8%
Trans Fat
Cholesterol 211mg 70%
Sodium 70mg 3%
Total Carbohydrate 0g 0%
Dietary Fiber 0g 0%
Sugars 0g
Protein 6g
Vitamin A 5% • Vitamin C 0%
Calcium 3% • Iron 5%
*Percent Daily Values are based on a 2,000 calorie diet. Your daily values may be higher or lower depending on your calorie needs.

タマゴに含まれる栄養素の量と含有率

脂肪とコレステロールが多い食品である」と決めつけ、コレステロール値の上昇を防いで心臓病のリスクを軽減するには、アメリカ人はタマゴの消費量を半分に減らすべきだと勧告した。[3] ところがアメリカ医師会は、委員会の結論を裏付けるだけの十分な証拠がないとしてその勧告に賛成しないことを表明した。

しかし、消費者はまさにタマゴを扱うときのように用心深く行動した。コレステロールを恐れるあまり、政府の勧告に従って購入するタマゴの数を減らし、タマゴを食べる量を制限することにしたのだ。ただし、コレステロールを含むのは卵黄であって、卵白ではない。タマゴの消費量を減少させたくない食品製造業者はここに活路を見出した。つまり卵白はそのままに、コレステロールの元である卵黄は含まず――そして、いつも通りに普通に料理できる――まったく新しいタマゴを開発したのだった。それは天然の卵白に人造の卵黄を挿入した人造タマゴで、植物油、乳固形分、増粘剤を加えて濃度、色、香りを付け、ビタミンとミネラルを補ったものだ。

ところが、長年にわたる研究の結果、タマゴは健康に悪いという主張が間違いであることがわかった。タマゴの栄養素は、心臓病、骨粗しょう症、認知症、アルツハイマーなどの慢性疾患にともなう炎症のリスクを軽減する。食事に含まれるコレステロールよりも、飽和脂肪のほうが深刻な問題であることもわかった。大きめのタマゴでも飽和脂肪の量は1・5グラムと、比較的少量だ。40年を超える研究の結果、タマゴの名誉は回復した。「食事からタマゴを排除することは逆効果ではないかと、私は長年疑ってきました」と、イェール大学医学部予防研究センター長のデビッド・カッツ博士は言う。「我々の研究では、たとえ血中コレステロール値が高い人であっても、タマゴの摂取による悪影響は認められませんでした」

アメリカでは、農務省と保健社会福祉省が調査に基づいて5年ごとに『アメリカ市民のための食生活ガイドライン』を発行し、そのガイドラインを必要に応じて改定することが法律によって定められている。(4) 食生活ガイドライン諮問委員会の報告書とパブリックコメントに基づいて、『2010年版食生活ガイドライン』はアメリカ人に多様なタンパク質食品（赤身の肉、鶏肉、豆類、大豆製品、無塩のナッツ類、そしてタマゴ）を摂取することを推奨した。

農務省の新しいデータによると、栄養バランスの取れた養鶏飼料（穀物、大豆や綿実の粉末、モロコシなどにビタミンとミネラルを加えたもの）によって栄養面の改善を図った結果、タマゴのコ

「毎日、健康のために、各食品群からまんべんなく食べましょう！」
1940年代のアメリカ農務省のポスター

レステロール含有量は2002年の水準に比べると大いに減少した。農務省によれば、大きめのタマゴ1個、もしくはタマゴを使用した加工食品50グラムに含まれるコレステロールの量は、12パーセント減の185ミリグラム、その一方でビタミンD含有量は64パーセント増の41IUである。(5)

タマゴは名誉を回復した。タマゴは優れたタンパク源であること、タマゴを食べても血中の低比重リポタンパクコレステロール（LDLコレステロール、いわゆる悪玉コレステロール）の値は上昇しないことを、ほとんどの栄養学者と医師が認めている。こうした結論が出たことで、タマゴに対する関心はふたたび高まり、消費量も増えた。その傾向が特に顕著なのが、LDLコレステロールと肥満に苦しむ人が多い中国とアメリカである。

ディズニー映画『美女と野獣』（1991年）でガストンは「ガキの頃には毎日／食べたタマゴ4ダース／でも今じゃ60個食べて／筋肉はモリモリ」と歌ったが、最近の研究によると、成人が1日2個のタマゴを食べると、むしろ体重は減るという。タンパク質はエネルギー消費と精神の安定に役立つばかりでなく、食欲を抑える効果もある。

●タマゴは安全か？

最近話題になることが多いのは、栄養面の問題よりも安全性である。タマゴの場合、他の食材と違って回収騒ぎが起きることは比較的少ないが、飲食店や家庭で誤った扱い方をしたり、生タマゴを使ったビスケット生地を焼かずに食べたりすると問題が起きる。どれほどおいしくても、生のタマゴを食べることは危険であり、避けるべきだ［後述のサルモネラ菌による食中毒が１９９０年代以降増えているのは事実。生タマゴを好む日本では賞味期限表示を義務化し、冷蔵庫に保存することを徹底するなどの食中毒対策を講じている］。

２０１０年8月、アメリカ議会の上院議員たちは、タマゴを顔面に投げつけられた気分だったろう。この月、食の安全の歴史上、きわめて皮肉な事件が起きていた。サルモネラ菌が原因の腸炎が流行し、アイオワ州の農場で生産された5億個のタマゴが回収されることになった。しかもそれは、タマゴの安全性に関する基準が厳しくなった直後の出来事だったのである。タマゴの安全性を管理するふたつの政府機関、農務省と食品医薬品局のあいだの縄張り争いのせいで、メンドリとタマゴのサルモネラ菌検査、鶏舎の衛生の厳格化、冷凍食品に関する規制改革は20年間なおざりにされてきた。米農務省は生きているニワトリと鶏舎、卵液を低温殺菌する加工施設を管轄するが、これらの施設から出荷される生タマゴとタマゴ製品を管轄するのは食品医薬品局なのである。

タマゴ由来のサルモネラ菌が原因の疾病を60パーセント減らすことをめざして、大手鶏卵生産者を対象に新たな規制が導入されることになった。だがそのためには広範な食品安全制度の改革が必要である。結局、生産者を監督する行政機関に大きな権限を与えて、食の安全をつかさどる行政にメスを入れることになった。

サルモネラ菌問題への市民の怒りが、食品医薬品局主導の食品安全近代化法の可決につながり、２０１１年1月4日、バラク・オバマ大統領は同法案に署名した。食品の安全管理体制を70年ぶ

バスケットに盛られたタマゴ

りに大きく見直した食品安全近代化法は食品医薬品局が製品回収を命令する権限を拡大、食品加工業者への立ち入り検査を強化し、生産者に厳しい基準を課すことになった。

ヨーロッパでも2010年12月末にタマゴの安全性に関する問題が起きた。同年初頭にバイオ燃料用の油が誤って出荷され、この油に汚染された3000トンの動物飼料がドイツ各地の約千か所の養豚場や養鶏場で使用されてしまったのだ。汚染されたタマゴはオランダで液化・低温殺菌された後、その卵液14トンがイギリスに送られて賞味期限の短い焼き菓子類に使われ、さまざまな小売業者に流通した。イギリス食品基準庁によれば、ドイツで生産された汚染タマゴは、オランダで汚染されていないタマゴと混ぜられたために、イギリスに出荷された時点ではダイオキシンの濃度は下がっており、危険性はきわめて低かった。また、幸いにも製品は回収され、健康被害は出なかった。

最近では、タマゴの生産業者に動物の権利保護の問題が突き付けられている。ハンバーガーチェーンのマクドナルドは、放し飼い生産のタマゴとケージ飼育生産のタマゴを3年間にわたって比較研究したうえで、昔ながらの放し飼いをしている鶏舎で商業生産されているタマゴを、アメリカ国内だけで毎月100万個購入することにした。ところが実際には、その大部分がケージ飼育で生産されていたタマゴであることが判明した。動物の権利保護運動の活動家が仕掛けた隠しカメラが、メンドリとヒヨコが不潔な状態でケージに入れられて虐待されているようすをとらえたのだ。マクドナルドはただちに、続いて小売り大手のターゲット社も、問題の大手タマゴ生産者との取り引きを中止した。

◉命を救うタマゴ

タマゴは食べ物以外のかたちで人の命を救うこともある。小型の孵卵器は、温度と湿度と換気を管理した環境で未熟児を育てるための保育器や、微生物を培養するための装置のアイデアを生んだ。中国、インド、東ヨーロッパでは何世紀にもわたって、タマゴは滋養強壮の薬とされてきた。

今日でも科学者たちは、卵白タンパク質であるリゾチームを食品防腐剤や抗菌薬として製薬に利用している。やはり卵白タンパク質であるアビディンとビオチンは、免疫測定、組織病理学的検査、遺伝子検査に利用されている。タマゴのカラザに含まれているシアル酸は胃の感染症を防ぎ、タマゴに含まれる脂質であるリポソームは薬物を細胞の内部まで正確に送達するために活用されている。卵黄タンパク質である卵黄免疫グロブリンは抗ヒトロタウィルス（ＨＲＶ）抗体として利用され、卵黄のリンタンパク質であるホスビチンは食品の酸化防止剤として利用されている。コリンは卵黄のレシチンと結合したビタミンＢの一種であり、脳の発達に重要な役目を果たし、肝臓疾患の治療にも活用されている。

卵黄に含まれているリン脂質である卵黄レシチンは、脳や血管の健康を保つのに効果があるというホスファチジルコリンが豊富で、乳児の視力を向上させる効果のあるアラキドン酸（ＡＡ）やドコサヘキサエン酸（ＤＨＡ）といった脂肪酸も含んでいる。タマゴ由来のレシチンは乳化と酸化防止という特性を兼ね備えているので、マヨネーズに使えば油と酸の分離を防ぐことができ、同様に分離を防ぐ目的で薬剤にも使用されている。卵殻膜タンパクは、重症のやけど患者の治療のためにヒト皮膚線維芽細胞（結合組織細胞）を培養する実験に用いられている。

日本では卵殻膜タンパクが化粧品に使われており、美容に熱心な人たちからその効果を認められている。泡立てた卵白をパックとして顔に塗ると、タマゴのタンパクが乾燥するにつれて縮み、皮膚表面の乾燥した細胞層を引き締めるので、顔の皮膚が一時的になめらかになる。リンスやシャンプーに混ぜて使うと、泡立てた生タマゴに含まれるタンパクが毛幹の隙間や傷を埋めて、髪がつややかでなめらかになる。一方、人気ゲーム「アングリーバード」の関連書籍『アングリーバード――欲張りブタのタマゴレシピ *Angry Birds: Bad Piggies' Egg Recipes*』では、はげ頭が気になる場合の「簡単な解決法」を提案している。(6)

タマゴ1個をよくかき混ぜる。料理用のはけを使って、パンに塗るような感じで、頭部のはげている部分に塗る。数分間、乾かす。絶対にはがさないこと。太陽の光を浴びたはげ頭は、浜辺の濡れた美しい石のように光り輝くだろう。

さらに注目すべきは、1931年にヴァンダービルト大学（米テネシー州ナッシュビル）の病理学者アーネスト・グッドパスチャー博士がタマゴを使って、疾病の原因となるバクテリアに汚染されていないウィルスを大量に純粋培養したことだ。それまで科学者は、実験に必要な量の汚染されていないウィルスを手に入れることはできなかった。なぜなら、バクテリアとは違って、ウィルスは生きている組織を必要とし、人工培養では増殖しないからだ。

グッドパスチャー博士はアリス・マイルス・ウッドラフ准博士とともに、受精卵を用いて鶏痘ウィルスを培養することを思いついた。受精卵は、天然の無菌容器に入った無菌培地だからだ。孵卵器と数ダースの受精卵を孵化場から購入した後、グッドパスチャー博士は仕事にとりかかった。歯科医用のドリルで殻から小片を切り取って、殻の内側の薄い膜にウィルスを植え付けた後、溶かしたパラフィンとカバーグラスでできた「窓」を通して経過を観察した。すると鶏痘ウィルスが増殖することがわかった。次の実験で天然痘ワクチンを用いたところ、1個のタマゴで1000人の子供の命を守ることができる量のワクチンを得ることができた。

新型インフルエンザ（A／H1N1）ワクチンの大部分は、2009年にニューヨーク州バルハラのニューヨーク医科大学で使われた30個のタマゴが培養基になっている。これも、グッドパスチャー博士がワクチンの製造方法を考え出してくれたおかげだ。タマゴを使ったワクチン製造技術など奇妙に思えるかもしれないが、他の新しい製造技術よりも効率が良いのだ。「ウィルスはタマゴのなかで育つのが好きなのですよ」と、微生物学者のドリス・ブッチャーは言う(7)。

ただし残念なことに、大人にも子供にも、卵白に対して、命にかかわる重篤なアナフィラキシー性アレルギー反応を示す人たちがいる。そうした人たちは通常のインフルエンザワクチンの接種を受けることができない。そこで２０１２年3月、オーストラリアのディーキン大学と同国の国立科学研究機関である連邦科学産業研究機構（ビクトリア州ジーロング）、そして家禽共同研究センターが連携して画期的な研究を始めた。アレルギー反応を引き起こさずに食べることができて、インフルエンザワクチンのような一般的なワクチンの製造にも使えるタマゴの開発をめざす研究だ。

卵白に含まれる40種類のタンパク質のうち、主にアレルゲンとなるのは4種類である。共同研究では、これら4種類のタンパク質に含まれるアレルゲンを切り離して、低刺激性のタマゴを産むことのできるニワトリを生み出すタマゴをつくろうとしている。3年で研究の成果が上がり、5年以内にアレルギー反応を引き起こさないワクチンを製造できるようになり、5年から10年以内にはアレルギーフリーのタマゴをスーパーマーケットで食品として販売できるだろうと期待されている。

第1章 ◉ タマゴほど完璧なものはない

いいですか、親愛なる友よ。これほど稀なる宝を炉や蒸留器からつくり出した錬金術師はいないのですよ。それをあなたはメンドリから得ることができるのです――あなたが労働と喜びを結びつける術を知っているのならば。

――プリュダン・ル・ショワスラ［フランスの農学者］（1612年）

◉万能のタマゴ

1751年、18世紀で最も野心的な出版プロジェクト、当時のあらゆる知識を網羅することをめざす『百科全書』の編纂が始まった。その『百科全書』では、タマゴは健康的で栄養価が高いとされた。また、卵黄には催淫効果があり、精子の生成量を増やして性欲を促進すると当時は信じられていた(1)。

タマゴの薬効は大いに宣伝されて、シナモンオイルを1～6滴たらしたポーチドエッグを食べれ

ジャン-シメオン・シャルダン「病後の食事」(1747年)

ば、長時間働いても疲れないとされた。寝る前に砂糖を加えてお湯に溶いた卵黄を飲むと、咳や胆汁症の腹痛に効くとされた。今日では非常に疑わしい処方だが、テレビン油またはバルサム（天然樹脂）と混ぜ合わせた卵黄は消化を助けるとされていた。一方、卵白は腫れを防ぎ、薬剤エキスや薬用ゼリー（たとえば栄養があって元気を回復させるという雄鹿の角から抽出したもの）の効き目を増すとされた。

『百科全書』には、「タマゴはその粘着性と収斂性ゆえに、医学で用いられている」とある。

　多くの場合、アルメニア産の赤土などに混ぜて、怪我をした部位の腫れを防ぎ、筋繊維の弾力を回復するために用いる。これを予防的処置という。新しい傷を治療して出血を止める際にも、タマゴを混ぜ合わせたものを使用する。

卵白はワインの醗酵にも用いられた。製本職人や金箔師は、本の背表紙に金箔を貼るための接着剤とするために、あるいは本の表紙に光沢を出すためにも卵白を用いた。「金箔師はつや出し（もしくはコーティング）のために、本の背表紙その他の箇所に上質のスポンジを使って卵白を2～3回塗り、卵白が乾いてから金箔を貼る」と『百科全書』では説明されている。

　本の表紙に光沢を与えるためにも卵白を用いる。本が完全に仕上がったら、卵白に浸した上質のスポンジで表紙全体を軽く拭き、完全に乾かしてから研磨用鉄砥で磨く(2)。

革職人も、デリケートな婦人靴のハイヒールを当時流行していた赤土色に染める前に、卵白に浸していた。

◉タマゴとはなにか?

シンプルでエレガントな形をしているタマゴ(ラテン語で ovum)は、さまざまな可能性を秘めている。チャボ、ニワトリ、カモ、カモメ、ガチョウ、ホロホロチョウ、ダチョウ、ヤマウズラ、キジ、ウズラあるいはカメ――いずれのタマゴも楕円形、つまりは卵型をしていて、一端が細く、その反対側が太くなっている。トリのタマゴのなかでは例外的にアホウドリのタマゴが真ん丸だが、そのタマゴを1回に1個しか産まないことがアホウドリの個体数減少の大きな原因だ。

古いインド・ヨーロッパ語で cheeka/e は「タマゴを産むもの」を意味し、egg は古英語の oeg に由来する。中世英語までは ey という綴りが残ったが、14世紀になると古スカンジナビア語から借りてきた同義語の egg が登場し、以後、これがタマゴを意味する一般的な言葉となった。卵黄を意味する現代英語 yolk は古英語で黄色を意味する言葉に由来し、インド・ヨーロッパ語では元々は「輝く」という意味だった(3)。

「時を告げるのはオンドリだが、タマゴを産むのはメンドリだ」と、イギリス初の女性首相マー

さまざまな種類のタマゴ。色、形状、サイズは驚くほど多様だ。

ガレット・サッチャー（1925〜2013）は言った。実際、メンドリほど生殖活動にいそしむ動物はいない。メンドリは1年間で270個ほどのタマゴを産む。タマゴ1個の重さはメンドリの体重の約3パーセントに相当するので、メンドリは1年間に自分の体重の約8倍の重量をタマゴに注ぎ込むことになる［採卵用鶏種として日本で一般的な白色レグホンは年間280〜300個ほどのタマゴを産み、1個あたりの重量も重い］。そして毎日の消費エネルギーの4分の1をタマゴの生成に費やす。

タマゴを生成するという愛に満ちた労働は24〜27時間を必要とするので、産卵時刻は徐々にずれる。午後や夕方にまでずれ込むと、1日産卵を休み、またその翌日から午前中に産み始める。この産卵の周期をクラッチと呼ぶ。もしタマゴが小屋から取り出されなければ、産卵をやめて抱卵を始める。

1861年にイギリスで出版された『ビートン夫人の家政読本 *Mrs Beeton's Book of Household Management*』では、「タマゴはその大きさを鑑みるに、他のいかなる食品よりも豊富な栄養素を含有している」と正確に指摘している。

ビートン夫人の賢明なアドバイスによると、タマゴを選ぶときは、「タマゴの太いほうに舌を当ててみて温かく感じたら、それは新鮮なタマゴ」だという(4)。幸いなことに、今日ではタマゴの鮮度はもっと簡単に判定できることがわかっている。水につけると浮くのが、古いタマゴである。タマゴは熟成するにつれて、殻の孔を通して空気を吸収し、水分と二酸化炭素を失うので、重量が軽くなるのだ。

生物学的にみると、タマゴはメスによって生成される増殖単位であり、生命を継続させ、世代間を橋渡しする機能を担っている。ボール状の卵黄でできた卵子は、成熟すると卵管を滑り降りる。そしてそこで卵白（胎児を保護し、卵黄に水分とタンパク質を補充する）と殻が形成される。タマゴの重量の約12パーセントを占める卵殻は、主にカルサイト（方解石／組成は炭酸カルシウム）から成る。アルブミンすなわち卵白は重量の約58パーセントを占め、卵黄（約30パーセント）はカラザと呼ばれるロープ状の繊維によって固定されている。

タマゴの太いほうの先端には、タマゴを保護するための気室という空気層がある。卵の殻はなめらかに見えるが、実際には約1万7000個もの微細な孔が開いており、この孔から水分と二酸化炭素を排出し、空気を取り込んでいる。産卵直後のタマゴは温かいが（40℃）、冷えるにしたがってタマゴの液状体は収縮し、タマゴの太いほうの先端で卵殻膜の内膜と外膜が分離する。

◉完璧なフォルム

タマゴは一見すると壊れやすそうだが、その楕円形の形状は驚くほど頑丈で、かなりの重量をのせても簡単には割れない。研究の結果、タマゴを割るのに必要な平均的重量は、ニワトリのタマゴの場合は約4・5キログラム、シチメンチョウ6キログラム、ハクチョウ12キログラム、ダチョウの硬いタマゴを割るためには54キログラムが必要とわかった[5]。おもしろいことに、タマゴを手で握りつぶすのは至難の業だ。タマゴは三次元アーチに近い形状をしているが、これはきわめて頑丈な建築構造なのだ。タマゴを握っても、タマゴの殻の曲線が圧力を一点に集中させることなく、殻全体に分散させるのである[6]。

「タマゴは幾何学的に美しい形を備えた物体である」と、サイエンティフィック・アメリカン誌に数学や科学分野の記事を寄稿していた著述家マーティン・ガードナー（1914〜2010）は述べている。

タマゴは、宇宙のあらゆる法則に則った小宇宙である。同時に、同じような形の白い小石より

このようにしてタマゴを握りつぶすことは、不可能ではないにしてもかなり難しい。

もはるかに複雑で神秘的な存在である。生命の秘密を内に秘めた、蓋のない不思議な箱である。

タマゴが優れたパッケージデザインとして評価されるのは、少しも不思議なことではない。タマゴの殻は驚くほど硬く、暑くて乾燥した気候でも腐ることはない。古代中東の羊飼いは、生のタマゴを投石器に入れてぐるぐる振り回すと、熱が生じてタマゴを調理できることを知っていた。

また、タマゴというおいしい小箱は、たいして注意を払わなくても何週間も日持ちがする。天然の抗菌剤を含んでいるので安全に食べることができるし、簡単に持ち運びできるから旅や冒険の食糧にも向いている。

メンドリは、530個に1個というまれ

な確率で卵黄をふたつ含む二黄卵を産むことがある。しかし三黄卵となると５０００個に1個の確率だ。また、ごくまれに、若いメンドリが卵黄のないタマゴを産むこともある。そんなタマゴに出会ったら、不運としか言いようがない――メンドリ自身ががっかりしているのどうかはわからないが。

日本の八日市南高校（滋賀県）の生徒たちが飼育していたニワトリは、２００８年に大きさ８・１センチ、重さ１５８グラムという巨大なタマゴを産んだ。見学希望者があまりに多かったので、同高校はそのタマゴを公開することにした。ところが、小さなひびに気付いた教師たちが殻を取り除いたところ、殻のなかには完璧な形をした中サイズのタマゴが入っていたという。

1年後、同様の奇妙な現象を、イギリスのヘレフォードシャー郡ロス・オン・ワイ在住のジェフ・テイラーが目撃した。テイラーは朝食に放し飼い鶏のゆでタマゴを食べようとして殻を割ったところ、なかに完璧な形をした小さなタマゴが入っているのを見つけて驚いたそうだ。

世界中のニワトリの数は約１９０億羽。国連によれば、最も多くのニワトリを飼っているのはバーレーンで、一人当たり40羽だという。ニワトリの品種は世界中で約２００種類、メンドリが産むタマゴの数は平均で年間２７０個、1日当たり1個で重さは50グラムだ。ギネスブックなどには１５０グラム以上の巨大なタマゴの記録もあるが、これとは対照的に、小さなチャボは平均的なニワトリのタマゴの半分のサイズのタマゴを産む。また、生後1年未満の若いニワトリも比較的小さなタマゴを産む。

◉ゆで時間の物理学

「コックさんが残酷なのはなぜ?」「それはタマゴを泡立て(beat＝殴る)て、クリームをホイップ(whip＝ムチで打つ)するからだよ」などというなぞなぞがあるが、幸いにも料理人たちは気にしていないようだ。一方、「タマゴの重量と初期温度をもとにして、半熟タマゴのゆで時間を割り出す計算式はつくれるか?」という問題に、ニュー・サイエンティスト誌の読者たちは悩んでいた。この問題に熱心に取り組んで定式化したのが、エクセター大学物理学部のC・D・H・ウィリアムズ教授だ。(7)

何よりも大切なのはタイミングである。タマゴを高い温度で長くゆですぎた場合や、ゆで水に過度の鉄分が含まれていて、鉄分と硫黄が反応を起こした場合は、卵黄の周囲が緑色を帯びてしまう。スクランブルエッグも、金属製のフライパンに長時間入れておくと緑色を帯びやすい。もっとも、そうなったとしてもタマゴの品質に問題はなく、味もそこなわれない。たとえタマゴを思いどおりに料理できなくても、くよくよすることはない。

物理化学者で分子ガストロノミーの専門家であるエルヴェ・ティスによれば、水素化ホウ素ナトリウムを使えば、タマゴを調理前の状態に戻すことができ、加熱によって生じるジスルフィド架橋という現象を解消することができるという。(8) タマゴをゆでると、タマゴのタンパク質の分子が解けて水の分子と結合する。タマゴを「加熱前の状態に戻す」ためには、タンパク質の分子をばらばら

C.D.H.ウィリアムズ教授による、
半熟タマゴをつくるための計算式

導出簡潔な計算式を求めるために、問題を多少なりと理想化せざるを得なかった。タマゴは重量Mと温度T_{egg}を有する、均一な球体として扱うものとする。沸騰している湯（その温度はT_{water}と示す）の鍋にタマゴを直接入れた場合、卵黄の境界線の温度T_{yolk}が上昇して63℃に達すると、半熟状態になる。これらの前提条件に基づいて、料理時間tは、熱拡散方程式を解くことによって導き出すことができる。

◉結果

完璧な導入を示そうとするときわめて複雑になるが、結果は比較的簡潔である。

$$t_{\mathrm{cooked}} = \frac{M^{2/3} c \rho^{1/3}}{K\pi^{2}(4\pi/3)^{2/3}} \log_{e}\left[0.76 \times \frac{(T_{\mathrm{egg}} - T_{\mathrm{water}})}{(T_{\mathrm{yolk}} - T_{\mathrm{water}})}\right]$$

ρは密度、cは特定の熱容量、Kはタマゴの熱伝導率を表す。

この計算式によれば、冷蔵庫から取り出したばかりの温度（$T_{\mathrm{egg}}=$ 4℃）の中くらいのサイズ（M〜57グラム）のタマゴの場合は、加熱時間は4分30秒である。しかし、同じ大きさのタマゴでも、室温（$T_{\mathrm{egg}}=21$℃）で保管されていれば、加熱時間は3分半となるだろう。もし、すべてのタマゴが冷蔵庫に保管されていたならば、小さいサイズのタマゴ（47グラム）が必要とする加熱時間は4分、大きなサイズ（67グラム）なら5分である。

に分離しなければならない。水素化ホウ素ナトリウムを加えると、タマゴは3時間以内に液体化する。自宅で試してみたい人は、ビタミンCを使えば同様の効果を得ることができる。

訓練を積めば完成度はあがる。プロのコックならたいてい、片手でタマゴの殻を割ることができる。アメリカのテレビ局フード・ネットワークが放送している人気番組『グラトン・フォア・パニッシュメント』（「嫌な仕事を進んで引き受ける人」という意味）でホストを務める人気料理人のボブ・ブラマーは、1時間に何個のタマゴを片手で割れるかで世界記録を打ち立てた。ブラマーの記録を破るためには、2071個のタマゴを割らなければならない。ブラマーが実際に割ったタマゴの数は2318個だが、248個はタマゴの殻が混じってしまったために無効と判定されたのだ。タマゴを料理に加えるときは、まず別の容器に割り入れてからにすれば、殻が混じっても簡単に取り除くことができる。

◉ニワトリ以外のタマゴ

ニワトリのタマゴ以外にも、食品として人気のあるタマゴはいろいろとある。灰白色のアヒルのタマゴは脂肪分が高く中国で人気がある。風味は油っぽいが、ニワトリのタマゴと同じようにそのまま食べたり、料理に使われたりする。ゆでると卵白は青味を帯び、卵黄は赤味がかったオレンジ色になる。

ガチョウのタマゴは殻が白く、ニワトリのタマゴの4～5倍の大きさがあり、油分が強くて風味

ニワトリのタマゴの20倍もの大きさのダチョウのタマゴだが、食べることはできる——それだけの食欲があれば。

が豊かである。ガチョウのタマゴほど大きくはないが、クジャクのタマゴもニワトリのタマゴの3倍ほどの大きさで、淡褐色または象牙色をしている。実のところ、羽の美しいクジャクはオスで、タマゴは産まない。タマゴを産むメスのクジャクは地味である。

クリーム色の地に茶色い斑点の入ったシチメンチョウのタマゴは、大きさはニワトリのタマゴの2倍だが、味は似ているので、ニワトリのタマゴの代用品として使われることが多い(9)。まだらな玉虫色をしたダチョウのタマゴは、ニワトリのタマゴの20倍もの大きさがあり、炎天下に放置された状態でなければ(加えて並外れた食欲の持ち主であれば)食べることは可能だ。

最も小さいのはホロホロチョウのタマゴ

だ。茶色の斑点が入り、ニワトリのタマゴよりデリケートな味わいで、酢漬けや固ゆでにしてサラダやアスピックゼリーに添えられることが多い。ヤマウズラのタマゴは白、黄褐色、オリーブ色などだが、茶色あるいは黒の斑点が入っている場合もあり、これは捕食者からタマゴを守るためである。茶色の斑点入りのウズラのタマゴは、ニワトリのタマゴの3分の1の大きさで、固ゆでやポーチ［沸騰させない程度の湯にタマゴを割り入れてゆでること］にしたり、アスピックゼリーの具材に使われたりする。淡いバラ色のキジのタマゴは、ウズラのタマゴと同じくらいの大きさで、さまざまな方法で調理される。

最もユニークで珍重されているのが皮蛋（ピータン）である。これは中国特産の保存食で、アヒルのタマゴを塩水に浸したり、あるいは塩を加えた湿った炭に漬け込んだりしてつくられる。アジアのスーパーマーケットでは、皮蛋はペースト状の炭に覆われたままか、炭のペーストを取り除いて真空パックされた状態で売られている。

塩蔵の過程で海水のような香りが付き、卵白はとろりとして塩気の利いた味になる。一方、卵黄は赤味がかった明るいオレンジ色となり、卵白ほど塩気は利いていないが脂肪分を多く含み、風味豊かな味わいとなる。皮蛋は、殻をむく前にゆでたり蒸したりすることも多い。粥の薬味として添えたり、その風味を活かすために他の食材と一緒に調理したりする。特に卵黄は珍重されており、中国の祝祭用の菓子である月餅の材料としても使われる。

「明朝タマゴ」「醱酵タマゴ」「古代タマゴ」「世紀タマゴ」「千年タマゴ」「百年タマゴ」などは、

中国の新年のお祝いに欠かせない茶葉蛋（チャーイェーダン／ティーエッグ）。タマゴは金塊（富）を象徴する。醤油やお茶を浸み込ませて複雑な大理石模様にするため、タマゴの殻にひびを入れてから漬け込む。漬ける時間が長いほど、模様も濃くなる。

どれも皮蛋の商品名で、いずれも浅い穴のなかに石灰、灰、塩、稲わらと一緒に漬け込んでつくられる。漬け込む期間はせいぜい100日程度だ（1000年などということは決してない）。石灰はタマゴを石化するので、見た目が古くなり、卵黄は琥珀色から暗緑色へと変化し、クリーミーな食感になる。最近ではきざんだショウガや醤油を添えて、生のままで食べるのが人気だ。

また中国や台湾には、露店で売っていたり京劇の幕間に食べたりする、茶葉蛋（チャーイエーダン）と呼ばれるタマゴ料理もある。これは香辛料を利かせたお茶にゆでタマゴを漬けてつくられ、きれいな大理石模様をしている。

食べることのできるタマゴのなかで、最も高価なものもあれば、その一方で量も豊富なのが、魚のタマゴだ。稚魚が孵化するのに必要なすべての栄養素を含んでいるので、魚のタマゴは魚そのものよりも栄養が凝縮されている。タンパク質の豊富な液体、脂溶性色素のカロテノイド、アミノ酸成分、核酸などが、魚のタマゴの卵黄を包んでいる。魚の腹のなかではタマゴは薄いタンパク質溶液にひたされて、すべてが一緒に、薄くて破れやすい膜に包まれている。

キャビアとはチョウザメのタマゴの塩漬けであり、イランとロシアのあいだに位置するカスピ海に文明が波及して以来、その評判と人気はきわめて高い。そのため、カスピ海に生息するシロチョウザメ、オセトラ・チョウザメ、セブルーガ・チョウザメは絶滅の危機に瀕している。「キャビア」という言葉は、タマゴを意味するペルシア語の khayyar または khayah に由来する。「キャビア」は16世紀には英語に取り込まれ、西欧人やアメリカ人はキャビアという言葉を使うが、ロシア人は使わない。ロシア人はあらゆる魚のタマゴを「イクラー」と呼んでいる（サケのタマゴを意味する日本語の「イクラ」はこれに由来する）。

今日、シロチョウザメとハックルバック・チョウザメは、アメリカの太平洋岸北西部、カリフォルニア、南部などの淡水湖や貯水池で、環境に優しく持続可能な方法で飼育されている。これにより、アメリカは世界のキャビア市場で重要な地位を占めるようになった。

タマゴが食用になる魚には、アミア、コイ、タラ、ポラック、トビウオ、ボラ、タラ、ニシン、ロブスター（ロブスターのタマゴはサンゴ色をしているので、英語でコーラル、フランス語でコライユと呼ぶ）、ダンゴウオ、ヘラチョウザメ、サーモン、ニシン、スメルト（アユ、ワカサギなどのキュウリウオ科の魚）、マス、マグロ、ホワイトフィッシュなどがある。実際、ほとんどの魚のタマゴは食用になるが、オニカマス、フグ、ハコフグなどのタマゴには毒がある。

魚のタマゴはある程度以上の大きさがあれば、焼く、ポーチする、ゆでるなどして調理できる。ソースに添えたり、ソースの材料にしたりもできる。魚のタマゴは木の実、真珠、穀物にたとえられることもある。商習慣上、欧米では塩漬けされた魚のタマゴはすべてキャビアと呼ばれる。

カメのタマゴには催淫力があるという俗説が長年信じられてきたため、禁漁のカメのタマゴを扱う闇市場が南米全域にはびこっている。世界中のほとんどの国がウミガメのタマゴを採集することを禁じているものの、ウミガメは病気と漁網の危険にさらされ、営巣と産卵に適した場所が減っているために、絶滅が危惧されている。カメは砂浜で産卵するが、そのタマゴは野鳥などの捕食者（そのなかには人間も含まれる）に狙われているのだ。

ケイジャン料理［アメリカ南部の郷土料理］では、エビを詰めたハラペーニョ［メキシコ産の青唐辛子］のことをアリゲーター・エッグと呼ぶが、本物のワニのタマゴも独特のとろみと豊かな香りをもち、慣れると病みつきになる食材だ。柔らかい殻は淡黄色かまだらである。スタンリー・リヴィングストン博士は、1858年から1864年にかけてアフリカのザンベジ川流域を探検した際、クロコダイルのタマゴを食べたという。リヴィングストン博士は次のように書き記している。

味はニワトリのタマゴに似ていて、カスタードの香りがする。人間を食べるという芳しくない評判の親から産まれたのでさえなければ、黒人だけでなく白人も喜んで食べるだろうに。

１３００年代、アラブの商人たちのあいだでは、ゾウさえ持ち上げることができる巨大な鳥がいるという噂があった。船乗りたちから「アフリカの南海岸沖の島では、そういう鳥が捕獲されている」と聞いたのだ。単なる伝説かと思いきや、後年、考古学者はマダガスカルでゾウほどの大きさの鳥、エピオルニスの痕跡を見つけた。これは史上最大の鳥で、頭頂までの高さは３・５メートル、体重は半トンにも達した。そのタマゴも最大であり、容量８リットルもあった。

おそらくエピオルニスは実際にはゾウを持ち上げることはできなかっただろうが、そもそもマダガスカルにはゾウは生息していないので、立証は不可能だっただろう。しかし、巨大な鉤爪でつかまれる恐怖を感じたからこそ、アラブ人たちは「用心しろ」という意味で「タマゴの殻の上を歩くようにやれ！」という表現を使うようになったのかもしれない。

第2章 ◉ タマゴの歴史

アヒルの農場で生まれようが、そんなことはどうでもいい――もし、白鳥のタマゴから生まれたのなら。

――ハンス・クリスチャン・アンデルセン

◉人類とタマゴの最初の出会い

クロマニョン人が住んでいた洞窟の壁に描かれていた、タマゴの絵の話から始めよう。クロマニョン人とは、今から4万年~1万年前にヨーロッパ全域から中東にかけて分布していた狩猟採集民だ。紀元前約1万年頃、クロマニョン人は放浪生活をやめて集落をつくり、天候に左右されずに安定して食糧を得るために、食用植物の栽培や動物の家畜化を始めた。それまで狩猟の対象だった鳥は、肉とタマゴの格好の供給源となった。メスの野鶏（やけい）の巣からタマゴを取り出せば、そのメスはさらに多くのタマゴを長期間にわたって産み、手に入るタマゴの数が増えるのだった。

現在の家畜化されたニワトリとそのタマゴの起源は、紀元前7500年以前の南アジア、東南アジアの各地にあると言われている。ニワトリは学名ガッルス・ドメスティクス（*Gallus domesticus* ――「ガッルス」とはラテン語で「とさか」を意味する）という種の子孫だ。19世紀、博物学者のチャールズ・ダーウィンは東南アジア産のセキショクヤケイが「現代の裏庭で飼われているニワトリの祖先」だと断定して、「ガッルス・ガッルス *Gallus gallus*」という学名を付けた。

近年の研究によれば、インド南部に生息するハイイロヤケイ（*G. sonneratii*）も、ニワトリの遺伝的特徴である黄色い皮膚を備えているという。インドでは古くから太陽神への捧げものとして宗教儀式に使われていて、紀元前3200年頃までには家畜化されていた。ニワトリは紀元前2000年までにチグリス・ユーフラテス流域とシュメールへ進出し、さらに紀元前1500年までには家畜化されたニワトリが、ハトとともにエジプトと中国に到達した。

エジプト人はタマゴを健康的な食品だと考え、あらゆる種類の鳥のタマゴを、ゆでたり揚げたりポーチしたり、あるいはソースの材料にして食べた。エジプト人は巨大な建造物を建設していたから、労働者に与えるタマゴの量を増やすために、タマゴを堆肥に埋めて人工孵化させる方法を考案した。紀元前1292年にテーベで死去したホルエムヘブ王の墳墓の壁に、タマゴの入ったバスケットと1羽のペリカンの絵が描かれているので、ペリカンのタマゴも食べられていたと推察できる。

ニワトリは紀元前1290年頃にはポリネシアの島々に、紀元前1000年には東部アジアと

ガッルス・ガッルス。現代のニワトリの祖先。

ペルシャに到達した。地中海東岸のフェニキア文明は紀元前1200年頃から紀元前332年まで栄えたが、海上交易を行ったフェニキア人たちはダチョウのタマゴの熱狂的ファンだった。古代のイタリアとコルシカに住み、イタリアで最初の文明を興したエトルリア人は、主にタマゴを得る目的で、アヒル、ニワトリ、ガチョウ、ハト、クロツグミ、ヤマウズラを飼育していた。墳墓の壁画には、網や投石器を使って鳥を狩るようすや、大量のタマゴを宴会で食べているようすが描かれている。(1)

食品としてのタマゴに言及した最古の文書は、メソポタミアで発見された、古代アッシリアのくさび形文字で書かれた粘土板である。当時、人間にとって必要なものは神にとっても必要だと考えられていて、神々への食事も1日に4回捧げられていた。神々が食べ終えた食事は聖職者が王家に捧げ、その料理には、焼いたタマゴや蒸し煮にしたタマゴも含まれていた。紀元前879年、新しい都の完成を祝って、アッシリア王アッシュールナツィルパル2世は、6万9574人もの近臣を集めて10日間にわたる大宴会を開いた。石柱にきざまれた記録によると、ガチョウ、ニワトリ、ハト、その他の小鳥、そして1万個のタマゴが供されたという。

◉ギリシャ・ローマ時代のタマゴ

ニワトリとそのタマゴはともに紀元前800年頃にギリシャにもたらされ、紀元前600年頃までにはサルデーニャ、スペイン、シチリアにも到達した。いつからタマゴが料理に使われるようになったかはわからないが、タマゴを使った古代ギリシャ料理で、ペリクレス（紀元前495〜429）の時代以前に遡るものはほとんどない（ペリクレスが活躍した頃には、ニワトリはアフリカにも伝わっていた）。

ニワトリのタマゴは、古代ギリシャ人の食糧棚に登場した後も、人々の関心をあまり引かなかったようだ。古代ギリシャの学者で美食家だったアテナイオスが2世紀頃に書いた食に関する著作『食卓の賢人たち（デイプノソフィスタイ）』（柳沼重剛訳 京都大学学術出版会）によれば、タマゴのなかで最も高く評価されるのはクジャクのタマゴで、2番目がガチョウのタマゴであり、ニワトリのタマゴは3番目と評価は低かった。ほとんどのアテナイ人がニワトリを飼っていたし、地中海全域でも飼われていたが、ニワトリのタマゴを使ったレシピはほとんど残っていない。例外なのが、卵白を使ったタゴマータという料理と、卵黄を使った詰め物料理である。

アヒルは家禽小屋の古参兵と言っていいだろう。なぜなら、アヒルは中国では4000年前に家畜化されて人家で飼われるようになり、すでに紀元前246年には孵卵器も開発されているからだ。粘土でつくった巨大な建物を温め、そのなかで3万6000個ものアヒルのタマゴを1日に5回、人の手で回転させて孵化させたという。孵卵の方法は秘伝として代々受け継がれた。たとえば、タマゴをまぶたに押し当てて、孵卵にちょうどいい温度かどうかを計った。また、タマゴを動かして孵卵器の温度を調節したり、成熟の進んだタマゴの温かさを利用しながら新しいタマゴを追加したりした。さらに、常に新鮮な空気が孵化場に流れ込むように工夫したという(2)。

料理中に発生する水蒸気の熱で部屋を暖めてタマゴを孵化させる方法についてイタリアで最初に言及したのは、ローマの政治家・農学者のマルクス・ポルキウス・カトー・ケンソリウス（大カトー、紀元前234～149）である。大カトーはプルス・プニカというタマゴを使った一種のオートミールのつくり方を述べる際に、この孵化方法を取り上げた。大カトーのレシピでは、テラコッタ製の料理鍋が使われている。

水に1ポンドの小麦粉を加えて十分に沸騰させる。それを清潔な桶に入れ、3ポンドの新鮮なチーズ、半ポンドのハチミツ、タマゴ1個を加える。よくかき混ぜてから、別の鍋に入れて煮る。

おそらく、ローマ人はダチョウのタマゴも食べていただろう。ダチョウのタマゴはニワトリのタマゴの24～28個分に相当するので、宴会に出す豪華料理に打ってつけだったはずだ。ローマの富裕層は晩餐を重視し、時間をかけて準備して料理を楽しんだ。最も一般的な前菜はタマゴであり、特に好まれたのがクジャクのタマゴだった。夕食（ラテン語で「コエナ」という）は、タマゴの前菜で始まり、果物で締めくくられた。ラテン文学黄金期の詩人・哲学者・演劇評論家のホラティウス（紀元前65～8）は、詩の一節に「ovo usque ad malum」と書いた。文字どおりの意味は「タマゴからリンゴまで」だが、要するに「食事の始まりから終わりまで」という意味だ。

ローマ人は帝国建設の遠征の途上でおびただしい数のタマゴと、タマゴを産むメス鳥たちを、ブリテン島、スカンジナビア、ガリア、ドイツで見かけたに違いない。
ローマ帝国の全盛期（紀元前1世紀〜紀元4世紀後半）には、最古の料理研究書『料理大全 *De re coquinaria*』が世に出た。著者はマルクス・ガビウス・アピキウスとされている。同書には、焼いたカスタードのレシピがのっている――「牛乳とハチミツとタマゴを混ぜ合わせたものを、陶製の皿に入れて弱火にかけて煮る」。アキピウスは宴会向けの豪華な料理やエキゾチックな料理についても記している。ところで、宴会には酔って騒ぐことがつきものだが、酒が好きな人向けのウェブサイト「モダン・ドランカード・マガジン」によれば、古代ローマでは二日酔いの薬として、カナリアのフライとフクロウのタマゴを食べたという（幸いなことに、今日では勧められていない）。『料理大全』では一例として、前菜はクラゲとタマゴで始まり、牛乳とタマゴで煮た脳髄、ウニに香辛料とハチミツとオリーブオイルとタマゴでつくったソースを添えたもの、と続く。アピキウスはハチミツとコショウ入りのタマゴを好んで食べ、それを「オウェメーレ（「ハチミツ入りタマゴ」という意味）と呼んでいたが、これが「オムレツ」の語源だろう。[3]
また、アピキウスは、ギリシャで宗教儀式に用いられるリブムという特別な菓子のレシピについても述べている。タマゴ1個に対してバター1ポンドの割合でつくられるリブムは、ローマ市民によって神々にささげられた後、神殿で働く奴隷たちの食糧となった。逸話によれば、甘いものをこれ以上食べたくないという理由で逃亡した奴隷の少年もいたそうだ。

タマゴと小麦を使った古典的な料理、クレープ。

アピキウスは、自分の財産が１０００万セステルス（金の地金７５０キロ弱に相当する額）に満たなくなったと知ると、餓死することを恐れて服毒自殺したという。その後、アピキウス以外の著者（計10人）がアピキウスの名義で『料理大全』に記事を書き足していったが、今日残存するのは2巻のみである。そしてアピキウスの名は美食家の代名詞となった。4世紀には、『料理大全』に牛乳を使ったタマゴのスポンジケーキ（もしくはパンケーキ）「オーウァ・スポンジア・エ・ヤクテ」のレシピが追加された。それによると、タマゴ4個に牛乳と油を加えて攪拌したものを、油を塗って熱した浅鍋で片面だけ焼いて、ハチミツと黒コショウを散らした皿に盛って供する。

ヨーロッパの料理は古代ギリシャの医学者ヒポクラテス（紀元前４６０〜３７０）が提唱した「医食同源」の思想を基礎としていたが、今日、この思想はふたたび注目を集めている。ヒポクラテスは、ある種の調味料と調理方法で体の不均衡を取り除き、血液、粘液、黄胆汁、黒胆汁という4つの体液（フーモル）（「ユーモア」の語源である）を調整できると考えた。

これら4つの体液は人間の性格と関係があるとされた。血液は楽天的で情熱的な性格、粘液は穏やかで単調な性格、黄胆汁は怒りっぽい性格、黒胆汁はメランコリックで沈みがちな性格をつかさどると考えられていた（「メラン」は黒を意味する）。これら4つの体液の調和を回復して維持することが、医師の仕事だった。

◉中世のタマゴ

すでに5世紀という早い時期に、ローマカトリック教会は四旬節（復活祭の前の40日間）に教区民がバター、チーズ、タマゴといった動物性食品を食べることを禁じていた。しかしトリエント公会議がこれらの食品を承認したので、１５００年代にはカトリック教徒にとって（ルター派や英国国教会の信徒にとってもある程度）断食は以前ほど問題にならなくなった。[4] 教会の承認を受けて、タマゴは毎日の食事に欠かせないものとなり、その価格は各国のあらゆる町の生活水準や貨幣価値の目安となった。

アイルランドでは少なくとも紀元初期には家禽が飼育されていた。家禽をアイルランドに連れてきたのはデンマーク人だと信じている人もいるが、考古学者の多くは紀元82年にブリタンニア［グレートブリテン島南部にあったローマの属州］からもたらされたと考えている。当時もっとも珍重されたのはガチョウのタマゴで、晩餐会で金銀の食器で供されるぜいたく品だった。

ブラスケット島をはじめとするブリテン島の西に位置する諸島地域の住民たちは海鳥のタマゴを食べていたが、息が臭くなるという欠点があった。女性と子供は味のよいニワトリのタマゴを好んだが、ニワトリのタマゴよりもアヒルのタマゴのほうが滋養に富んでいると考えられていたので、男性は農作業に出たときの昼飯として固ゆでにしたアヒルのタマゴを食べていた。

伝説によれば、ベーコンエッグはアイルランドが起源だという。年老いた農婦が夫のためにベー

タマゴを集める。14世紀の養生訓『健康全書』より。

コンを焼いていると、炊事場の天井の梁（はり）に止まっていたメンドリがタマゴを産み落とし、それが鍋の縁にあたって割れ、中身がベーコンの油の上にこぼれた。農婦がそれを食卓に出すと、修道院での労役から疲れきって帰ってきた夫は、タマゴとベーコンを組み合わせたおいしさに驚嘆した。

こうしてベーコンエッグの評判は修道院にも伝わり、やがて修道院から修道院へ、国から国へと広まっていき、「神の御恵みと怠惰で気まぐれな老いたメンドリのおかげで」富める者も貧しい者も等しくベーコンエッグを賞味するようになったのである。(5)

アイルランド大飢饉（1845〜47年）のとき、貧しい人々はタマゴを食べずに売って、それで小作料を支払った。当時、タマゴを売った代金は貧農の年収の4分の1に相当した。今日でもダブリンでは、羽振りのよい人を評して「あいつはメンドリを飼っているに違いない」と言うそうだ。(6)

中世初期（5~10世紀）には、領主は鹿肉、牛肉、羊肉、豚肉、鶏肉、ガチョウの肉（金曜日だけは魚）を串刺しにしたり、ナイフを使ったり、あるいは手づかみで食べていた。一方、家来や農奴に与えられるのはタマゴとチーズ、たまにニワトリとウサギの肉などだった。比較的安価で用途も広く、簡単に手に入るニワトリのタマゴ以上に誰でも食べていたものといえば、パンくらいしかなかった。

８４４年、フランスのシャルル禿頭王（とくとうおう）は次のように定めた――司教は領地を巡回する途上で宿泊するたびにパン50個、ニワトリ10羽、コブタ5頭、タマゴ50個を要求することができる。司教が泊まるのが寒村だった場合、それは大変な重税だったろう。

中世中期になると、ヨーロッパの貴族階級はワインやパンとともに、鳥肉よりも獣肉を多く食べるようになった。普段はこれにチーズとタマゴを添えていたが、贖罪の日は魚を食べた。ヨーロッパ最古の医科大学であるサレルノ大学（南イタリア）の医師たちは、11世紀に発達したアラビア医学（当時としては最先端の医学だった）の知識に基づいた健康療法を推進し、消化を助けるためにワインを飲むこと、タマゴは新鮮なものを加熱しすぎずに食べることを推奨していた。「タマゴを食べるなら、新鮮なものを半熟で」は、今日でも通用するアドバイスだ。

13世紀にアンダルシアで書かれた著者不明の料理書『匿名 *Anonimo*』は、スペインと北アフリカの料理法に関する本で、タマゴの衣を付けて揚げる調理法を初めて紹介している。これはおそらく日本の天ぷら（16世紀にポルトガルのイエズス会士によって日本に伝えられた料理）の原型だろう。

ヴァチカンの図書館に保管されている『タイユバンのル・ヴィアンディエ *Le Viandier de Taillevent*』（14世紀に書かれたフランス料理の本）に記された１７０品のレシピのうち、タマゴを主要な材料とする料理はわずか4品だけだが、修道士たちがタマゴとイチジクでつくった牛乳酒（エッグノッグの原型）を飲んでいたことは有名である。

◉アジアと中東のタマゴ

7世紀に日本で仏教が国家の保護下におかれたとき、天武天皇は4月から9月まで肉（ウシ、ウマ、イヌ、サル、ニワトリ）を食べることを禁じたが、奇妙なことにタマゴは禁令の対象にならなかった。しかし仏教が庶民にまで浸透するにつれて、鳥を虐待した者が堕ちるという「鶏地獄」を恐れて、人々はタマゴを食べることを避けるようになった。実際、６世紀から16世紀の日本には、タマゴを用いた調理法は存在しなかった。

しかし16世紀から17世紀初頭にかけて、キリスト教宣教師をはじめとする西洋人や中国人貿易商の影響を受けて、西日本で変化が起きた。日本で最初のタマゴを使った調理法は、１６４３年に刊行された『料理物語』に掲載された4つの料理である。それが１７８５年の『万宝料理秘密箱』では、タマゴを使った料理は１０３種類にまで増えている。タマゴには強壮効果があると信じられていたので、色街で好んで食べられていたという(7)。

シリア、イラク、エジプト、北アフリカ在住のアラビア人たちは、タマゴを主役にした料理はほ

タマゴは重要な食材のひとつ。

とんど食べなかったが、タマゴはさまざまな料理に使える大切な食材であり、主にソースのとろみ付け、詰め物の材料、つなぎ、衣、添え物などに使われた。13世紀の美食家ムハンマド・イブン・アル・ハサン・イブン・ムハンマド、イブン・アル・カリム・アル・カティブ・アル・バグダディ（略してアル・バグダディ）が提唱した料理法は、その代表的な例だ。

赤身肉を薄くスライスして細く切り……軽く揚げ……香辛料をまぶしてカバブを焼く。（固めに）ゆでたタマゴから白身を外し、黄身をカバブの中央に置く……（別の）タマゴをよく攪拌する。カバブにした細切肉を熱いうちに卵液に浸してから、鍋に戻す。これを2〜3回繰り返して、肉をタマゴでコーティングする。

ムーア風の料理では、溶きタマゴに香辛料を入れて、小麦粉またはパン粉でとろみをつける。また、13世紀に書かれたモロッコの料理書『素晴らしき食卓 *Fadalat al-Khiwan*』にのっているレシピほど、多くのタマゴを必要とするものはない。

食用に太らせたメンドリとオンドリの肉を用意する。水に塩、多めの油、コショウ、コリアンダー、きざんだタマネギ適量、皮をむいたアーモンド、松の実、新鮮なドングリ、新鮮なクリ、殻をむいて湯通ししたクルミを加えたものを火にかけて、肉をゆでる。一羽につき30個ずつタマゴを用意し、(それぞれ)卵黄20個分と卵白30個分を混ぜ合わせ、香辛料を加える。

ゆであがった鶏肉は別の鍋に移して、溶きタマゴと合わせる。鶏肉をタマゴの衣で固めて供する。その際、残してあった卵黄10個を揚げて添える。これにさらに、4等分した固ゆでタマゴ数個と、鶏肉で香り付けした薄いオムレツを付け合わせる。著者は最後にこう結んでいる——「いと高き神の御心のままに、健やかに召し上がり給え[8]」

◉タマゴ料理は進化する——ルネサンス期

フランス人の夫が若い妻に対して、正しい結婚生活を送れるように家事や料理について指南するという体裁で書かれた『パリのよき妻のための手引き *Le Ménagier de Paris*』（1393年刊）には、タマゴを使ったレシピがいくつか登場するが、なかには「割れてしまったタマゴの中身を残り火にかけて、それをこそげ落として食べる」という調理法も紹介されている。また、溶かした砂糖で卵黄を焼く料理やタマゴのブロス（澄んだスープ）は、若い花嫁でもつくれる、簡単だが興味深い調理方法だ。

タマゴを油で揚げる。次に、スライスしたタマネギを油で揚げる。揚げたタマネギをワイン、ベルジュース（主にブドウなどのまだ熟れていない果物からつくった酸っぱいジュース）、酢を合わせたもので煮る。各人の椀皿に3〜4個のタマゴを入れ、煮汁を注ぐ。濃くなり過ぎないように気を付ける。

15世紀になると、ヨーロッパにはさまざまな卵料理が登場した。たとえば、カスタードの一種であるコードル［ワインまたはビールに卵・パン・砂糖・香料などを混ぜた温かい滋養飲料］、タマゴとパン粉にサフランとセージで香り付けしてつくるジュセルというポタージュ、細切ベーコンを添えたオムレツの一種であるフレーズ、やはりオムレツの一種で、きざんだハーブで風味を付けたタンジーなどがある。タマゴはまた、酒宴を彩る重要な食材でもあった(9)。

ルネサンス期に腕の良い料理人たちがタマゴを使ってさまざまな工夫をしたことが、高級フランス料理におけるタマゴ料理の基礎となったことは間違いない。17世紀になってもタマゴは重要な食材であり、スフレ、ケーキ、マヨネーズ、オランデーズソース、ベアネーズソースが考案された。

イタリアルネサンスの名料理人マルティーノ・ダ・コモはいわゆる「セレブシェフ」の先駆けと言っていいだろう。ダ・コモは1450年頃という早い時期に、食材の選定や調理時間・技術・道具などに関する料理解説書を出版した。その著作『料理法 *The Art of Cooking*』では、ダ・コモの考案した最も有名なレシピであるフリッタータが紹介されている。これは、タマゴに少量の水と牛乳、おろしたチーズ、パセリ、ルリチシャ、ミント、マジョラム、セージなどのハーブを加えてよく混ぜたものだ。

さらに、タマゴについては丸々1章を割いて解説している。ダ・コモはラビオリの原型であるラフィオーリ（タマゴをパスタ生地で包んだ料理）を考案したが、実験的な料理にも挑戦した。たとえば「揚げたタマゴから黄身を取り出して、これにおろしチーズ、ミント、パセリ、レーズンを混ぜたものを白身に詰め直し、それをふたたび揚げてからオレンジとショウガのしぼり汁をかける」というエキゾチックな料理も紹介している。

イベリア半島の学者たちは、病院や修道院の帳簿を調べて庶民が何を食べているかを探り出した。

スペイン、トレドにあるサンペドロの修道院の1455〜58年と1485〜98年の帳簿からは、当時の貧困層の食事の質の悪さがうかがえる。貧しい人々はゆでた硬い肉を食べていたが、その一方で修道士たちは、仔牛肉、ヤマウズラ、サフラン、シナモン、砂糖、タマゴを詰めた鶏肉料理を楽しんでいた。[10]

一方、15世紀から16世紀にかけて、オスマントルコの皇帝たちが組織した、元キリスト教徒でイスラムに改宗した若者たちからなる精鋭部隊イェニチェリは、その軍事的能力を高く評価されていたことから、一般人よりもよい食事を支給され、砂糖と香辛料をたっぷり入れて、ワインとタマゴでつくったプディングまで楽しむことができた。[11]

有名なギリシャ料理のアヴゴレモノスープは、エッグレモンソースを加えた米入りのチキンスープだ。生の卵黄を熱い肉汁または鳥のだし汁に入れて攪拌し、そこにレモンを加えてつくられるエッグレモンソースは、肉団子、詰め物をした野菜、ブドウの葉でくるんだ料理などにかけたりもする。

このようにタマゴを乳化させて使う調理法には長い歴史がある。1453年、オスマントルコの征服王メフメト2世によってコンスタンチノープルが陥落し（これが今日まで続くトルコとギリシャの確執の原因になっている）、そのときの祝宴で溶きタマゴをだし汁に入れたテルビイェリ・ソースが供された。これとほとんど同じ料理はギリシャにもあり、ギリシャ側は自分たちこそ元祖だと主張している。

フライド・エッグ（目玉焼き）

料理史研究の先駆者の一人であるバルトロメオ・サッキ（通称プラティナ）は、1465年夏にイタリア初の印刷された料理書『正しい食卓がもたらす喜びと健康 *De honesta voluptate et valetudine*』を出版した。これはルネサンス期に編纂された中世料理の金字塔だ。この本にはローストしたタマゴのレシピが掲載されている。

新鮮なタマゴをかまどの火に近い灰のなかに埋め、均一に熱が伝わるようにときどき注意深く向きを変える。タマゴの中身が漏れはじめたら、ちょうどよい具合に焼けた証拠なので、その最上の状態で客に供する。

16世紀になると、ヨーロッパではタマゴを使ったレシピが数多く登場した。人口の急増とそれにともなう深刻なインフレーションのせいで、平均的な家庭の人々は高価な肉に代わる食材を見つけなければならなかった。イタリアのルネサンスが北方に広まるにつれて、タマゴの生産はますます儲かる産業になった。タマゴはパン粉の代わりにとろみ付けに用いられたり、多くのレシピでつなぎとして使われたりするようにもなった。また、卵黄は調味料としても使われた。料理人たちはタマゴの新しいレシピを工夫し、生のまま使ったり、ポーチしたり、フライパン、オーブン、焼き網で焼いたり、さらにはオムレツ、カスタード、ザバリオーネや付け合わせにも利用した。

カトリーヌ・ド・メディシスが1533年にフランス王アンリと結婚すると、フランス料理でホウレンソウが使われるようになった。カトリーヌの出身地であるフィレンツェに敬意を表し、ホウレンソウを使い、モルネーソースをかけた料理を「ア・ラ・フロレンティーヌ」と呼ぶようになった。当初、フィレンツェ風タマゴ料理では、ポーチしたタマゴまたはオーブンで焼いたタマゴを使っていた。しかし後には、固ゆでタマゴかスクランブルしたタマゴが使われるようになった。

時代を経るにしたがって、何人もの料理人によってフィレンツェ風タマゴ料理は変化していった。マンハッタンの高級クラブ「ユニオンクラブ」のシェフを務めたアドルフ・マイヤーは、1898年の著書『タマゴとその調理法 *Eggs and How to Use Them*』で、フィレンツェ風タマゴ料理には「チキンとマッシュルームのクリームソースをかけるが、底に敷くのはホウレンソウではなくアーティチョークである」と記している。皮肉なことに、アーティチョークはカトリーヌがフランスに紹介した、もうひとつの野菜である。
1540年代までに、フランス、英国、イタリアで次々と料理書が出版され、タマゴ料理が盛んにつくられるようになった。『最高級料理の書 *Livre fort excellent de Cuysine*』にはさまざまなタマゴ料理が紹介されているが、ゆでて色染めしたタマゴを使う料理が主流だった。タマゴを赤く染めるには、アカネ科のハーブから抽出した染料が用いられた。黄色に染めるにはタマネギの皮、スミレ色に染めるには金箔が使われた（なぜそうなるのかはよくわかっていない）。

さらに興味深いのは、火を使わないタマゴの調理法である。バスケットに詰めた石灰（炭酸カルシウム）にタマゴを埋め込み、水につけるというやり方だ。また、同時代に書かれた『最新の料理の書 *Proper Newe Book of Cokerye*』では、タマゴはカスタード、フリッター、タルトの生地と具材に使われている。しかし、最も有名なレシピは、溶かした砂糖とローズウォーターで卵黄をポーチした「月光のタマゴ」だ。おそらく、澄んだ空に浮かぶ月をイメージしたのだろう。[12]

当時、タマゴを使わないレシピを探すのは至難の業だった。イタリアのエステ家の宮廷料理人クリストフォロ・ダ・メッシスブーゴが書いた『新しい本 *Libro Novo*』では、タマゴはメッシスブーゴが考案したハンガリー風タマゴスープに使われている。このスープは、タマゴ40個、ベルジュース、バター、砂糖を鍋に入れ、弱火で湯煎してとろみをつけるというものだ。

タマゴを愛好する風潮は、ルネサンス期の代表的な料理人バルトロメオ・スカッピの著作『作品 *Opera*』（1570年）にもうかがえる。同書には「飲むことのできるタマゴ（ウオーヴォ・ダ・

ディエゴ・ベラスケス「卵を料理する老女と少年」(1618年)

ベーレ)」というレシピが登場する。新鮮なタマゴにピンで穴を開け、タマゴが回転し出すまで30秒ほどゆでる(あるいは手で持てないほど熱くなるまでゆでる)。タマゴの頭を切り取り、塩と砂糖を振りかけて殻から直接飲む。

スペインのフェリペ3世の宮廷料理長だったフランシスコ・マルティネス・モティーニョは、1611年に『料理、菓子とパン、ビスケット、保存食の製造方法 *Arte de cocina, pasteleria, bizcocheria y conserueria*』を出版した。同書は厨房の構造について初めて言及した重要な本である。モッティーノは、料理人が注意を払うべきこととして、清潔、味、スピードの3つを挙げている。

モッティーノがクリスマスの晩餐会のためにつくったタマゴを使った料理は、仔牛肉の小さなパイ、泡立てたクリームスープをかけた鳥のタルトレット、中身をくり抜いて飾り物などを入れたホローケーキ、カピロタータ（ハーブとタマゴを練りこんだ生地を使うプディング）、ブタのラードと醗酵させた生地を使ったパイ菓子、マルメロソースをかけた薄い焼き菓子、マルメロのペストリー、砂糖を加えて泡立てたタマゴ、ウサギの肉入りエンパナーダ（パイの一種）、パイタルトなどである。

◉美食の時代――フランス料理とソース

17世紀の中頃になると、先進的なフランスの美食家たちは、食材そのものの風味を活かした調和の取れた調理法を推奨し、そのことがバターとクリームを使ったソースの発展につながった。パリの厨房がまるで研究所のように熱心に開発したのが、乳化によってとろみをつけた古典的なフランス風ソースだった。

乳化とは、本来は混じり難いふたつの液体を混ぜ合わせて片方を微粒子化させ、もう一方の液体中に分散させた状態を保つことによってなめらかな質感を出すことである。乳化剤（乳固形分や卵黄に含まれているタンパク質、塩類、脂肪酸など）は、水と油の分子を結合して固体粒子が液体中に分散した状態を安定させ、粘着性のある質感をつくりだす。ビネグレットソースをトロリとさせるには、タマゴをしっかりとかきまぜなければならないのはそのためだ。

贅沢な料理とこってりとしたソースは17世紀までフランスの厨房を支配していた。その17世紀、人口が増えて人々は郊外に移り住むようになった。都会を離れて田園に逃れようと、裕福なパリ市民は農場やブドウ園を購入した。菜園から新鮮な食材を豊富に手に入れることができるようになったことに刺激を受けて、その食材固有の特性を際立たせる料理法が考案された。

ルイ14世の従者を務めたニコラ・ド・ボンヌフォンが「ル・グー・ナチュレル（自然の味）」と呼んだ野菜類が食卓の中心を占めるようになり、繊細なソースをかけて食卓に供された。たとえば、ボンヌフォンが1651年に出版した料理書『フランスの付け合わせ *Le Jardinière français*』には、卵黄でとろみをつけたソースが紹介されている。

オランデーズソースの改訂版である、ベアルネーズソースをはじめとするソース類は、当時の偉大な料理人フランソア・ピエール・デ・ラ・ヴァレンヌ（1618～1678）が残したものだ。ラ・ヴァレンヌが書いた『フランスの料理人――17世紀の料理書』（森本英夫訳 駿河台出版社）は、あらゆる時代で通用する偉大な料理書であり、レシピをアルファベット順に掲載した最初の本でもある。ラ・ヴァレンヌは香辛料を好まず、それまでは地味な存在だったタマゴを使ったレシピを60種類も考案し、野菜を料理の主役に据え、肉汁をベースにして、酢、レモンジュース、ベルジュースだけと組み合わせてソースをつくった。

『フランスの料理人』は1653年に出版されたが、「タマゴの鏡焼き、クリーム入り」というレシピ、つまり目玉焼きが紹介されている。ラ・ヴァレンヌのソース・ブランシェ（ホワイトソースのこと）は、酸性の液体とバターに卵黄を加え、卵黄の乳化力を利用して、濃くてなめらかなソースに仕上げるというものだ。卵黄はリン脂質を含んでいるので、大きな卵黄が1個あれば、温かいソースではバター110グラムと結合し、マヨネーズのような冷たいソースではもっと多い油分と結合できる。

ベルサイユ宮殿の料理人だったフランソワ・マシアロ（1660～1733）が書いた『宮廷とブルジョワ家庭の料理人 *Le Cuisinier royal et bourgeois*』では、小麦粉とバタールーを使うシチューと、卵黄を使うフリカッセは区別されていた。パン粉、アーモンド粉、クルトンなどをブイヨンに入れてとろ火で煮てつくる、古典的な中世のソースとは違って、新しいソースには粗い粒は混じっていない。濃厚さを増すために追加されたクリームやバターは言うまでもなく、卵黄とルーの脂肪のおかげで官能的なまでの食感が口いっぱいに広がるのだ。

マシアロの料理本には、初めて活字化されたクレームブリュレのレシピが掲載されている。クレームブリュレとは、卵黄と牛乳でつくったカスタードクリームの上に砂糖を焦がしたカラメル層が乗った、甘いデザート菓子である。クレームブリュレによく似たスペイン料理のレシピ、クレマカタラナも表面に焼いた砂糖が乗っているが、その歴史は中世にまでさかのぼる。

１９８０年代、ニューヨークの有名レストラン「ル・シルク」のオーナーであるシリオ・マッチオーニは、このクレマカタラナに感銘を受けて、パティシエのディーター・ショーナーにクレマカタラナをアレンジするよう命じて、世界的なトレンドに合致するデザートをつくりあげた。それは浅いキャセロール入りで、表面のカラメルは薄く、ニューヨークのフレンチレストランにふさわしくフランス風にクレームブリュレと命名された[13]。

ルイ14世の義妹のラ・プランセス・パラティーヌは、義兄の並外れた食欲について1718年に次のように回想している。

（ルイ14世は）スープ4皿、キジ1羽、ヤマウズラ1羽、大皿入りのスープ、もう一度キジ1羽、ヤマウズラ1羽、大皿入りのサラダ、ハム2切れ、ヒツジのロースト・ガーリック添え、ペストリー1皿、最後に果物と固ゆでタマゴ数個を次々と食した。

タマゴ好きの家系だったらしく、ルイ15世（1715〜1774）は日曜日ごとにオイル漬けのタマゴを食べた。パリジャンはその洒落た食べ方を絶賛したという。宗教儀式のような沈黙のなか、ルイ15世がフォークを一振りしてタマゴの先端を割ると、食卓係は「王がタマゴを召し上がります！」と宣言して、注目をうながしたそうだ。

タマゴを熱愛したのはブルボン王家の人々だけではなかった。ナポレオン・ボナパルト（1769〜1821）はオムレツをつくるのに失敗して「私は自分の才能を過大評価していた」と叫んだという。「軍隊は胃で行進する生き物である」と考え、ワインを熱狂的に好み、食糧を安全に保存するための方法として缶詰の開発を奨励した将軍にふさわしい発言だ。

セーブル焼のエッグカップ（1756～68年の製作）

フランス革命の後、外交官シャルル・モーリス・ド・タレーラン＝ペリゴールが活躍するようになると、装飾的な料理と宴会はふたたび大流行した。タレーランは1797年から、アントナン・カレームという元菓子職人の料理人を雇うが、このカレームは19世紀を代表する天才料理人となった。ナポレオンのウェディングケーキを制作したこともあるカレームは、ロマノフ王家とロスチャイルド家の人々、そしてロッシーニの好みを知り尽くしていた[14]。

カレームは複雑な形状と装飾を好み、カレーム風タマゴ料理を考え出した。まず、円筒状の型にタマゴを入れ、トリュフと塩漬けの牛タンを飾り付けて、卵白が固まるまで焼く。タマゴを型から外し、低めの温度でゆでたアーティチョークの上に置く。仔ヒツジの膵臓のラグー（トリュフとキノコ入り）をかける。その上に、マデイラ・ワインとクリームで風味を付けたブラウンソースを添える。さらに鋸歯状に切った牛タンを一切れ頂点に飾る。

カレームの偉大さは、料理書を出版することで名声と富を得た最初のシェフであること、そして何百種類ものソースを5種類の主要なソースのカテゴリーに分類したことにある。すなわち、オランデーズソース（バター）、トマトソース（赤）、ベシャメルソース（白）、ブルーテソース（金色）、ブラウンソースまたはエスパニョールソース（デミグラス）の5種類だ。

これらの主要ソースのなかでタマゴを使うのはオランデーズソースだけだが、今日ではさまざまな一般的なソースにタマゴは使われている。たとえば、ニンニク風味のマヨネーズソースであるアイオリ（すりつぶしたニンニクの芽、卵黄、油、香辛料、レモンジュースでつくり、食卓に供する前に冷水を少量加える)、ベアネーズソース(オランデーズソースの一種で、卵黄、白ワインもしくは酢、タラゴン、コショウの実、さいの目に切ったエシャロットでつくる)、ニューバーグソース(甲殻類の殻からつくるアメリケーヌソースに、バター、クリーム、卵黄、シェリー、香辛料などを加えたもの)、レムラードソース(アンチョビまたはアンチョビペースト、マスタード、ケーパー、きざんだピクルスを加えて香辛料を利かせた冷たいマヨネーズソースで、ニューオリンズで好まれている)などである。

史上最も偉大な料理人、王の料理人にして料理人の王と呼ばれたフランス料理の巨匠ジョルジュ・オーギュスト・エスコフィエ(1846~1935)は、料理の歴史に大きな足跡を残した。彼は、リッツ・ホテル・チェーンの共同設立者であり、フランス料理大使を務め、世界中の料理人に影響を与え、その多大な貢献を称えられて、シェフとして初めてレジオンドヌール勲章を受章した。小柄なエスコフィエは料理用のコンロに手が届くように厚底の靴を履いていたというが、身長はプロの料理の世界の高みに達するのに何の支障にもならなかった。

エスコフィエは従来のグランド・キュイジーヌ(高級料理)をより洗練させて簡素化し、下ごしらえをもっと効率的に行えるようにした。1902年に出版された『エスコフィエフランス料理』(邦訳版は柴田書店刊)には300種類以上のタマゴを使ったレシピが掲載されていて、今日でも最も権威ある料理のプロのための文献である。エスコフィエのスクランブルエッグは世界的に有名だった。ドイツ皇帝ウィルヘルム2世はエスコフィエを評してこう言った。「私はドイツ皇帝だが、あなたは料理の皇帝だ」

第3章◉タマゴなくして料理なし

固ゆでタマゴは手強い。
——読み人知らず

◉完全食品

タマゴはあらゆる料理にとって重要な材料である。もちろん、乳卵菜食主義者（ラクト・オボ・ベジタリアン）にとって、タマゴは食のかなめだ。オムレツ、キッシュ、フリタータなどの前菜料理で、タマゴは主役を演じている。そして、ケーキ、ペストリー、ブラウニーなどの焼き菓子のレシピでは有能なわき役となる。天然の完全食品ともいえる

卵黄と卵白はとてもバランスが取れているが、それぞれ個別でもユニークさを発揮する。たとえば、卵黄の脂肪分は卵白に含まれるアルブミンの泡立ち力を阻害するが、卵黄を卵白と分けて使うと、材料のつなぎとなって、焼き菓子、ソース、プディング、カスタードなどにクリーミーでなめ

パブロバ。クリームとベリーのメレンゲケーキ。

らかな食感と豊かな色や香りを与え、ソースの乳化を促進する。

一方、卵白は焼いて使うと、料理に堅さと安定性としっとり感を与える。卵白を泡立てると、含まれているタンパク質が壊れて膨張し、弾力性を帯びて、なかに空気を閉じこめることができるので、加熱する際に膨張剤となる。さらに、卵白はパンや菓子の食感を軽くし、ボリューム感を増すのにも役立つ。タマゴを使うからこそ、メレンゲやデザートムースはなめらかでふわふわした食感になる。また、泡立てた卵白を酸酵生地に加えるとつなぎの役割を果たすので、グルテンの代わりに使えば、最近人気のグルテン・フリーのパンやケーキをつくることができる。

揚げ物では、タマゴと小麦粉が衣として使われることが多い。溶きタマゴを熱いスープに加えると、ぱっと華やかになる。

タマゴを脂肪分や砂糖と合わせるときには、タマゴの温度は室温に戻しておかなければならない。タマゴが冷たいと、材料に含まれるバターなどの脂肪分を凝固させてしまい、料理の仕上がりに悪影響を及ぼす恐れがあるからだ。タマゴを冷蔵庫で保存している場合は、調理の約1時間前には冷蔵庫から出しておくか、他の材料の用意をしながら、湯を張ったボウルに数分間浸しておくといいだろう。

ニワトリのタマゴ1個には、13の栄養素と約6グラムのタンパク質が含まれている。そして、カロリーの4分の3を占める脂質のすべてとタンパク質の半分弱は、卵黄に集まっている。卵黄は、ビタミンA、D、Eと亜鉛、そして卵黄の色の素となるカロテノイドを含有している。ニワトリのエサにオレンジがかった黄色のマリーゴールドの花びらを混ぜると、卵黄の色が濃くなる。また、卵黄は卵白よりもリン、チアミン、マンガン、鉄、ヨウ素、銅、カルシウムが多く、卵白にはリボフラビンとナイアシンが多い。

大きめのタマゴは1個あたり約70キロカロリーで、そのなかにこれらすべての栄養素が含まれている。食品中のタンパク質の品質の評価基準であるアミノ酸スコアは1・0と、完璧な数値だ。優れた天然の乳化剤である卵黄は、さまざまな食品構成要素——油、脂肪、水、空気、炭水化物、タンパク質、ミネラル、ビタミン、香料など——を安定的に混合し、調理の過程で分離するのを防ぐ。

ニワトリのタマゴの色は通常、白か茶だが、青や緑のタマゴを産む品種も若干存在する。一般に、羽と耳たぶが白い品種は白いタマゴを産み、赤い品種は茶色のタマゴを産む。アメリカの消費者のあいだでは、白いタマゴが最も人気がある（ただし、白いタマゴの栄養価は茶色のタマゴと同じ）。茶色のタマゴは殻が固いので、固ゆでに向いている。タマゴを固ゆでにできたかどうかは、タマゴを横にして回転させてみればわかる。もし、タマゴがぐらついて回転しなかったら、ゆで上がっていない証拠だ。タマゴがスムーズに回転するなら、固ゆでに仕上がっている。なお、念のために言っておくが、殻のついたままのタマゴを電子レンジで調理することはできない。

「牛乳とタマゴは天然の食材です。清潔な容器に入れて冷蔵すれば、品質を保てます」
家庭向けに食品の保存を薦めるアメリカのキャンペーンポスター（1945年）

◉タマゴを加工する

アメリカにおける鶏卵生産は70億ドル規模の産業である。年間生産量は約７８０億個（65億ダース）と、全世界の供給量の10パーセントに相当する。その60パーセントが一般消費者によって消費され（1人当たりの年間消費量は249個）、9パーセントが外食産業、残りが加工食品（外食産業用と小売り用）に使われている。

食品業界はタマゴの新しい使い方を模索し、小売店で販売しやすく、飲食店や家庭でも使いやすいタマゴの加工食品の開発を続けている。冷凍卵液、冷凍タマゴ、乾燥タマゴなどの高付加価値製品は、味、栄養価、使い勝手の点で、殻付きの生タマゴと比べても遜色ない。ケーキミックスやプディングミックスといった便利な食品、パスタ、アイスクリーム、マヨネーズ、菓子、パンはすべて、タマゴ由来の食材でつくられている。製パン業者、食品製造業者、飲食店などでは、殻付きのタマゴよりも加工品のほうが重宝がられる。そのため、より使い勝手がよく、人手を省けて最低限の貯蔵スペースですむ加工品や、カロリーが調整された高品質の加工品が、安定的につくられて供給されている。

もちろん、殻付きタマゴが加工品の製造に使われることもある。たとえば、殻の割れたタマゴでも、卵黄と卵白を混ぜるレシピになら使うことができる。1992年には、アメリカで生産されるタマゴの20パーセントが加工品に使われていた。今日では、タマゴを原料とするさまざまな種類の加工品の年間生産量は、約7億5000万ポンド（約34万トン）に上る。タマゴを機械で割って中身を分離してつくられる冷凍卵液は、密閉容器に入れられて製パン業者などに出荷されるか、さらに加工するための工場に送られる。卵液の運搬のため、衛生管理されたトラックのタンクの温度は4℃以下に保たれる。

冷凍卵の種類には、卵白のみ、卵黄のみ、全卵、全卵に卵黄を加えて混ぜたもの、全卵と牛乳を混ぜたものなどがある。卵黄と全卵には、冷凍中のゲル化を防ぐために、塩または炭水化物が添加されることもある。

タマゴを乾燥・脱水した乾燥全卵は、アメリカでは1930年から製造されている。当初、乾燥全卵の需要は少なかったが、第二次世界大戦が始まると、海外に駐留する軍隊に供給するために生産量がピークに達した。今日でも乾燥全卵はインスタント食品の原料として、あるいは外食産業で食材として使用されている。

外食産業向けの付加価値製品としては、液に浸して包装されたタマゴと、液に浸さずに包装されたタマゴがある。また殻をむいたタマゴ、固ゆでにした卵、あるいは形状でいうと、ゆでタマゴ丸々1個、ふたつに割ったタマゴ、スライスしたタマゴ、きざんだタマゴなどさまざまである。さらに便利な加工食品としては、タマゴ、タマゴのピクルス、固ゆでタマゴ入りのエッグロール、冷凍オムレツ、エッグパティ、キッシュおよびキッシュ・ミックス、冷凍フレンチトースト、パウチ包装された冷凍スクランブルエッグ、冷凍目玉焼き、冷凍スクランブルエッグの素、フリーズドライのスクランブルエッグなどがある。

固ゆでして殻付きのままパックされたウズラのタマゴは、アメリカや日本など食への関心の高い国々で注目されている。今後もますます革新的なタマゴ加工品が登場するだろう。超低温殺菌された卵液、特殊な加工による冷凍卵あるいは固ゆでタマゴ用に改良されたガス置換包装などが、すぐにも利用できるようになるだろう。

小売り向けにも、さまざまなタマゴ加工品が販売されている。たとえば、冷凍オムレツ、オムレツの素、冷凍スクランブルエッグ、フレンチトースト、キッシュ、棚置き用に包装された固ゆでタマゴなどである。

◉世界のタマゴ生産

天然の滋養に富んだタマゴは、世界中で需要がある。世界的な鶏卵生産企業としては、カルメイン・フーズ、ハイライン・インターナショナル、Kエッグファーム、ランド・オーレイクス、マイケル・フーズ、寧波江北徳西食品有限公司、ノーベル・フーズ、ローズ・エーカー・ファーム、ピルグリムズ・プライド、スグナ・ポールトリー・ファーム、ツリー・オブ・ライフ、タイソン・フーズなどの名前が挙がるだろう。(1) タマゴのグローバル市場は2015年までに年間1兆1540億個に達する見込みだ。

アジア太平洋地域、特に中国は年間3900億個の鶏卵を生産し、全世界の需要の半分をまかなうと予想されている。アヒルのタマゴに関しても、中国は年間550万トンを生産する世界最大のサプライヤーだ。中華料理では何世紀にもわたってアヒルのタマゴ料理を極めてきたので、その誇りを守っているのだろう。1人当たりのタマゴの年間消費量も333個と中国が一番多い。

ほとんどのタマゴは、大規模に一貫生産されている。中国では今のところ、サッカー場ほどの敷地に鶏舎を何棟も密集させ、狭い金網張りのケージに採卵鶏をぎゅうぎゅう詰めにするのが主流だが、一部では放し飼いも導入されつつある。タマゴは平均的な中国人の食事に不可欠だ。薄焼きタマゴを細切りにしたものは、付け合わせにする、スープに入れる、豆腐にのせるなど、さまざまな形で用いられる。

インドでは、タマゴはさまざまなカレー料理の材料として、あるいは料理のつなぎとして用いられている。インドは世界第2位のタマゴ生産国だが、菜食主義者が多いこともあってか、個人の消費量は年間48個と少ない。だが、12億の人口を抱える政府がタマゴでタンパク質を摂取することを呼びかけていることもあり、国際卵業協会（ＩＥＣ）によれば、インドは世界で最も急成長しているタマゴ市場である。

日本は第3位の生産国であり、1人当たりのタマゴの消費量は年間３２０個である。また、アメリカ産タマゴ製品の最大の輸入国でもある。日本の食事にタマゴはつきもので、麺料理1杯分の値段でタマゴ20個を買うことができる。

また、日本人は生タマゴを好む。生タマゴと醤油をかけた米飯は、手早くつくれる簡単な食事だ。タマゴを熱いご飯の入った茶碗に割り入れて、軽くかき回して食べるタマゴかけご飯は、日本人にとって最も一般的な朝食である。すき焼きやしゃぶしゃぶでは、溶きタマゴがつけダレとして供される。タマゴとパン粉の衣を付けた鶏肉などの唐揚げはフリターターに似た料理で、米飯にもよく合う。寿司でも人気の卵焼きは、専用の四角い鍋で溶きタマゴを何層にも巻き重ねて焼き上げた、

ミガス。テックス－メックス料理の代表的な朝食。

日本風の甘いオムレツである。

◉メキシコのタマゴ料理

メキシコは世界第４位のタマゴ生産国だ。１人当たりのタマゴの消費量は３００個だが、その大半は鶏卵で、ついでウズラのタマゴがわずかに食べられている。タマゴは１５００年代に、スペインの征服者たちがアステカ帝国にもたらした。タマゴはメキシコ各地の郷土料理の重要な素材であり、メキシコ風カスタードプリンともいえるフラン、ウェボス・レアレス（タマゴケーキ）やコカーダ（ココナッツ風味の練乳菓子）といったデザートにも欠かせない。

風味豊かなタマゴ料理も、ウエボス・ランチェロス（トルティージャ［トウモロコシの粉や小麦粉で作った薄焼きパン。スペインのトルティージャとは別の料理］にのせた半熟の目玉焼きにサルサソースをかけたもの）、ウェボス・アル・アルバニル（「レンガ職人のタマゴ」という意味、トルティージャにのせた半熟の目玉焼きにグリーンチリとトマティロ［ホオズキ科の果菜］のソースをかけたもの）、ウエボス・ディボルシアドス（「離婚したタマゴ」という意味、2個の目玉焼きを1皿にのせて、それぞれに赤と緑のソースをかけたもの）など、いろいろとある。

こうしたタマゴを残りもののトルティージャと組み合わせた経済的な料理から、ミガス（トルティーヤ入りのスクランブルエッグ）というテックス－メックス料理（メキシコの影響を受けたテキサス料理）が生まれた。ミガスとは「パンくず」の意味で、おそらくは同名のスペイン料理――さいの目に切った残りもののパンを使う――の子孫だろう(2)。

●タイ、オーストラリアのタマゴ料理

タイ風のスタッフドエッグ、カイ・クワンは、シーフードと豚肉を混ぜて、魚醤、ココナッツミルク、コリアンダーで味付けしたものをタマゴに詰めた料理だ。半分に切ったタマゴに詰めてから、衣をつけて金色になるまで揚げる。

オーストラリアでは、伝統的なデビルドエッグ（殻をむいたゆでタマゴを半分に切り、取り出した黄身をマヨネーズなどで調味して白身に盛りつけたもの）を、緑がかったエミューのタマゴでつくるというユニークな楽しみ方をしている。エミューのタマゴを使ったレシピを考案したポール・テスマーによれば、グレープフルーツのサイズのタマゴなら、ゆでるのに70分間かかるという。体

重68キログラム（150ポンド）のエミューが抱くタマゴなので、カニの殻割り用の木槌か、重い台所包丁を使わなければならない。巨大な白身を1辺2・5センチ（1インチ）の正方形に切り分けてから、黄身、マヨネーズ、ケチャップ、ウスターシャー・ソース、薬味であえたものを盛る。

◉ヨーロッパのタマゴ料理

オーストリア、デンマーク、フランス、ドイツ、イタリア、ハンガリー、ニュージーランドの消費者は、毎年1人当たり200個以上のタマゴを食べる。過去40年で人口が増加し、所得が向上した発展途上国では、タマゴの消費も10倍に増えた。たとえば、リビアやコロンビアではトウモロコシの粉でつくった揚げパン、アレパスを食べるが、タマゴは主な具材のひとつである。また、野菜を添えたトルコ風スクランブルエッグ、メネメンは、トルコ料理の重要な一品である。2010年10月、トルコのシェフたちは11万個のタマゴを使って、周囲10メートル（1345フィート）のフライパンでオムレツを焼いて、オムレツの大きさの世界新記録を樹立した。

ターキッシュエッグズはもともと、シェフのピーター・ゴードンがイスタンブールのレストラン「チャンガ」でつくっていた料理だが、ゴードンがロンドンで開業したレストラン「プロバイダーズ」でも供されている。ターキッシュエッグズとは、ホイップしたヨーグルトにポーチドエッグ2個をのせて、スパイシーなチリバターをかけたもので、その味はきわめて印象的だ。

もっと一般的だが、いかにもイギリスらしくてユニークなのが、タマゴのピクルスだ。色付けの

イギリスではフィッシュ・アンド・チップスの店やちょっとおしゃれなパブの棚に、タマゴのピクルスが置かれているのを見かける。写真はビーツと一緒に漬け込んだもの。

キッシュ・ロレーヌ。タマゴ、チーズ、ベーコンを使った古典的な料理。

ためにビーツと一緒に漬けてあることが多い。まるで医学標本に使われるような瓶に入れられ、フィッシュ・アンド・チップスの店やちょっとおしゃれなパブの棚に置かれている。自家製のタマゴのピクルスをつくりたいなら、「エッグパブ Egg Pub」というおもしろいウェブサイトに基本的なレシピが掲載されている。

オーストリア、ハンガリー、その他の中部ヨーロッパ諸国では、タルホニャ（別名リーヴィルホッシュ）と呼ばれる、タマゴと小麦粉でつくったモチモチしたゆで団子がスープの具として食されている。まず、肉と野菜を煮て、そこにつくり立てのタルホニャを加えてさらに煮る。腹もちのいい田舎料理の常で、タルホニャもじっくりと煮込まなければならない。

キッシュは古典的なフランス料理と思われがちだが、中世にドイツ語圏だったロートリンゲン王国で生まれた料理だ。「ロートリンゲン」はのちにフランス語で「ロレーヌ」となった。また「キッシュ」は、ドイツ語で菓子を意味する「クーヘン」という言葉に由来している。本来、キッシュ・ロレーヌは、タマゴとクリームカスタードに燻製ベーコンを添えた、蓋をしないパイだった。後にチーズが加えられるようになり、もともとはパン生地が使われていたが、のちにサクサクしたパイ皮が用いられるようになった。キッシュは、第二次世界大戦の後まもなくイギリスで、１９５０年代にはアメリカで人気を博した。主に野菜を材料としているためにあまり男らしくない料理とされ、「まともな男はキッシュなど食べない」と思われていた。

スペインではトルティージャはオムレツの一種で、たいていはジャガイモと一緒に料理され、朝昼晩の食事で食べられていた。パエリヤやガスパーチョと並んで、トルティージャはイベリア料理の象徴である。トルティージャ・デ・パタタスまたはトルティージャ・エスパニョーラとも呼ばれ、バーでもレストランでも家庭でも、朝食にも昼食にも夕食にも、おやつとしても夜食としても食べられている。そのようにトルティージャはしょっちゅう食されるため、残っても冷凍されることなく、食卓に置かれたままになっている。ちょうど、フランスの家庭ではチーズを食器棚にしまっているのと同じだ。料理自慢のタパス・バー［さまざまな小皿料理を出す居酒屋］で、トルティーヤを出さない店はない。また、タマゴとジャガイモをさいの目に切って串に刺した簡素な料理も、スペイン各地の立ち飲み酒場の定番だ。

ティラミス。マスカルポーネ、タマゴ、レディフィンガービスケット、コーヒーでつくるおいしいデザート。

◉地中海のタマゴ料理——イタリア、アルジェリア

イタリア料理では、デザートは何にも勝る楽しみとされているので、香り高い贅沢な材料がふんだんに使われている。最も人気のあるデザートは、間違いなくティラミスだろう。このビロードのように優雅で濃厚なデザートは、レディフィンガービスケット、エスプレッソ、マスカルポーネ・チーズ、タマゴ、砂糖、マルサラ・ワイン、ラム酒、ココアパウダーでつくられる。

「ティラミス」というイタリア語には、「滋養強壮剤」と「異性との愛」という、ふたつの異なる意味がある。そのせいか、名前の由来についてもふたつの異なる説がある。第一の説は「元気を回復させるもの」を念頭に、エスプレッソとココアというカフェインを含む材料が使われていることから来ている。第二の説は、このデザートのあま

りのおいしさにうっとりとした女性が「私を抱いて」と口走ってしまったから、というものだ。

定説によれば、イタリアのトレビゾにある「ベッケリエ」というレストランが、1971年に初めてティラミスを考案して提供したという。その一方で、第一次世界大戦中に、兵士の無事な帰還を願って、滋養に富んだ携帯食として考案された、とする説もあるようだ。さらに、ティラミスの起源はもっと古く、17世紀トスカーナ地方の層を重ねたデザートだとする説もある。

ザバリオーネまたはザバイオーネもイタリアで人気のあるデザートだ。卵黄、砂糖にワイン（たいていはマルサラ・ワイン）を加えて火にかけ、泡立つまで攪拌する。グラスに入れて供することが多い。ザバリオーネの一種であるザバリオンはヴェネツィアのデザートだが、ベネズエラでも非常に人気がある。主な材料は、卵黄、砂糖、クリーム、マスカルポーネ、たまに甘口のワインを使うこともある。伝統的には、新鮮なイチジクを添えて供される。

スパゲッティ・アラ・カルボナーラは、塩漬けの豚肉、タマゴ、チーズをパスタに合わせた、世界中で人気の高い料理である。その歴史は意外に新しく、第二次世界大戦末期に考案された。1944年当時、ドイツの支配から解放されたローマには多くの軍人がいた。ローマの料理人たちは、アメリカから支給されたベーコンと粉末状のタマゴをイタリア人の好む食材、パスタと組み合わせて、このレシピを考案した。

料理史研究家によれば、カルボナーラはイタリア中部と南部で昔から親しまれてきた、パスタ・カチョ・エ・ウォーヴァ（溶かしたラードを絡めて、溶きタマゴとおろしチーズを混ぜたパスタ）

がもとになったという。そのレシピは、ナポリのブォンヴィチーノ公イッポリト・カヴァルカンティが1837年に編纂した『理論的・実践的料理 *La Cucina teorico pratica*』に掲載されている。

アルジェリアではブラク、モロッコではブリワット、チュニジアではブリークと呼ばれるペストリーは、じっくりと揚げた皮がパリパリと香ばしく、トロトロの卵白と卵黄が入っている。指でつまんで食べるので、屋台料理として人気がある。トルコ料理本の著者でもあるアイラ・エセン・アルガーによれば、トルコ風パイのボレキは、東トルキスタンの支配者だったボグラ・ハン（994年死去）が発明したという説があり、次第に西方のホラーサーン（イラン東部）へと伝わっていき、ついには地中海世界に広まったという。

◉フィリピンのタマゴ料理

フィリピン人は、バロットという孵化直前のアヒルのタマゴを好んで食べる。タマゴの熟成度にもよるが、殻のなかの胎児はくちばし、骨、羽ができあがっている。バロットには強壮効果があるという言い伝えによって、男性が好んで食してきたが、女性にとっても栄養豊富なエネルギー源である。フィリピンの代表的な屋台料理であり、マニラでは「バロットはアメリカ人にとってのホットドッグみたいなもの」と言われるほど一般的だ。バロットは、中国、ラオス、カンボジア、ハワイ、タイでも人気があり、フィリピン系アメリカ人が多いカリフォルニアでもよく食べられている。

16世紀にフィリピンにやってきたスペイン人は、自分たちが好きな菓子も持ち込んだ。たとえば

バロット。タマゴの殻入りのアヒルの胎児。殻ごとゆでて食べる。

レチェ・フラン（ミルクカスタード）もしくはクレームブリュレ、イェマ（卵黄を用いた菓子）、トルタ・デル・レイ（「王のケーキ」という意味）、オハルドゥレス［パイ菓子］、ロスキロス［タマゴ入りクッキー］、エンサイマダ［チーズと砂糖をかけたブリオシュ］、ガレタス（ビスケットの一種）などである。プロの料理人かアマチュア料理人か、あるいは甘いデザートをつくるのか、あるいは香り高いメインディッシュをつくるのかを問わず、タマゴは料理を志す人たちに無限の創意工夫のチャンスを与えてくれる。それだけタマゴは使い勝手がよく、応用力に富んでいる。

第4章 ◉ タマゴとアメリカ料理

僕は若さだ！　僕は喜びだ！　僕は卵から孵（かえ）ったばかりの小さな鳥だ！
——ジェームズ・M・バリー『ピーターパン』

◉開拓者たちとタマゴ

新大陸に最初のニワトリがやってきたのは1493年という説がある。クリストファー・コロンブスが2回目の航海のときに連れてきた、というのだ。1620年、イギリスからの最初の入植者がメイフラワー号にニワトリを乗せてやってきたが、当初、ニワトリは環境に順応できないためにタマゴを産まず、飼い主たちをがっかりさせた。

その後、入植者たちはお気に入りの料理書を持ち込んで、材料の選び方や料理法を新大陸に合うものに変えていった。すでに1615年にイギリスで出版されていたG・マーカムの『イギリスの主婦 *The English Huswife*』の人気レシピ、ホワイトプディングの材料は、甘いクリーム、牛乳に

ウィリアム・ホガース「タマゴを割るコロンブス」(1752年)。言い伝えでは、新大陸発見の業績が軽視されていたコロンブスは「タマゴを立てることはできるか」と人々に挑み、誰も成功しなかったのを受けて、タマゴを少し割ってテーブルの上に立てて見せたという。

12時間浸したオートミール、卵黄8個、牛脂、香辛料など、当時の新大陸でも容易に手に入るものばかりだった。

フランシス・パーク・カスティスの2部構成の著作『料理の本 *A Booke of Cookery*』(205レシピ)と『砂糖菓子の本 *A Booke of Sweetmeats*』(326レシピ)は、小さな茶色の革綴じ本で、ペンシルベニア歴史協会付属資料館所蔵の貴重な文献である。同書を1759年初夏にワシントン家のプランテーション、マウント・ヴァーノンに持ってきたのは、ジョージ・ワシントン大佐の27歳の新妻マーサだ。マーサの最初の夫はカスティス夫人の息子だった。

当時、タマゴは朝食として、カリカリのベーコンを添えた目玉焼きにするのが普通であり、カスティスの著書でも単なる材料として扱われていた。しかし、バタードエッグだけは特筆すべき料理として掲載されている。現代の読者は掲載されている材料の分量の多さに驚くかもしれないが、10人以上の子沢山の家庭で親戚までも一緒に食事をすることは、当時はさほどめずらしくはなかった。ブラックケーキのレシピでも、必要な食材は「タマゴ20個、バター2ポンド（約1キログラム）、砂糖2ポンド（約1キログラム）、クリーム1クォート（約1リットル）」となっている。(1)

植民地時代のアメリカで使用人として働いたアミーリア・シモンズは、1796年にコネティカット州ハートフォードで『アメリカの料理 *American Cookery*』を自費出版した。同書はアメリカ初の料理書であり、コーンミールやスカッシュ（カボチャの一種）などのアメリカの特産品を使った伝統的な料理、たとえばインディアン・スラップジャック［コーンミールを使ったパンケーキ］、ジョニーケイク［コーンミールを使った平たいパン。植民地時代には主食として食べられていた］、スカッシュプディングなどのつくり方が掲載されている。シモンズは、常に新鮮なタマゴを使用するようにとアドバイスしている。

1897年、婦人互助会（兵士の慰労を目的に、南北戦争中に結成された婦人組織）のフローレンス・エックハルトは、タマゴの鮮度を判定する方法について、次のように述べている。

清潔で、殻が薄く、長めの楕円形で、先が尖っているのが、よいタマゴである。タマゴを光にかざして見て、卵白が透明で卵黄が真んなかに位置していれば新鮮で、そうでなければ古い。

一番よい方法は、水のなかに置いてみることだ。横になれば新鮮で、縦になれば古く、万一水面に浮かぶようなら腐っているので食べられない。(2)

19世紀中頃は、誰もがニワトリを飼っているわけではないこともあり、市が立つ日は非常に重要だった。町の中心部は公共の場であり、取り引きが行われ、商品が物々交換されていた。また遠く離れて住む者同士が集まって社交し、政治について議論する場でもあった。大多数の入植者は毎日長時間働いていたので、土曜日になると馬や荷馬車で町に繰り出して、生活必需品を仕入れた。「土曜日は大切な日だった。近隣の老若男女が、さまざまな生産物をさまざまな運搬手段で持ち寄って商売をした」と、イリノイ州ジャクソンビルに住んでいた、メソジスト監督教会の牧師で『牧師としての10年 *Ten Years of Preacher Life*』の著者、ウィリアム・ヘンリー・ミルバーンは述べている。

手織りの布でつくった服を着た女性たちや少女たちが、広場に面した家々を一軒一軒、「タマゴとバターはいりませんか」と尋ねて回る。私は、ひとりの少女が憤然として、こう言い返しているのを聞いたことがある。「うちのメンドリが苦労して産んだタマゴが、1ダースたったの3セントだって⁉ メンドリになったつもりで考えてみなよ!」

中世のポセット［ミルク酒］の子孫であり、タマゴと牛乳にエール［ビールの一種］、ワイン、リンゴ酒などを加えてつくるエッグノックは、1825年に初めて文書に登場した。以来エッグノックは、現在でも人々が健康と繁栄を祈って乾杯する際に飲まれている。

エッグノッグの一種であるエッグフリップは、イギリスのイースト・アングリア地方特産のアルコール度の高いビールを使ってつくられる。『愛は胃袋から――食に関する好奇心の辞典 *Cupboard Love: A Dictionary of Culinary Curiosities*』（1997年）の著者マーク・モートンによれば、「ノッグ（nog）」という言葉は、4分の1パイントしか注げない小型ジョッキを意味する「ノギン（noggin）」に由来するという。さらにモートンは、「ノギン」には「頭」という意味もある、と指摘する。頭蓋骨は脳を収める器である、ということだろうか。

イギリスの裕福な紳士階級は、牛乳とタマゴと砂糖にブランデー、マデイラ酒、シェリー酒などを混ぜて飲むこともあった。1811年に出版された『国語辞典 *The Dictionary of the Vulgar Tongue*』によれば、アルコール度数の高いビールを熱して、これにタマゴとブランデーを混ぜた飲み物を、古い英語の俗語で「ハックル・マイ・バフ」というそうだ。

アメリカでは酪農製品が豊富で、カリブ産のラム酒も安価だったので、エッグノックの人気はイギリス以上に高まった。ジョージ・ワシントンはアルコール度数の高い自家製エッグノックのレシピを書き残したことで有名だが、そこには肝心なタマゴの正確な数は書き忘れられている（おそらく1ダースだと推測される）。

クリーム1クォート（1リットル弱）、牛乳1クォート、砂糖大さじ12杯、ブランデー1パイント（約５００ミリリットル）、ライウイスキー2分の1パイント（約２４０ミリリットル）、ジャマイカ産ラム酒2分の1パイント（約２４０ミリリットル）、シェリー酒4分の1パイント（約１２０ミリリットル）を材料とし、まず酒類を混ぜ合わせる。卵黄と卵白を分離する。卵黄と砂糖を十分に攪拌したものを酒類に加え、さらに牛乳とクリームを加えてゆっくりかき混ぜる。次いで、角が立つまで泡立てた卵白を加えて、さっくりと混ぜる。冷暗所に数日間寝かせる。味見は頻繁に行う。

エッグノックのバリエーションは、さまざまな国で、さまざまな名前でつくられている。たとえばプエルトリコのコキートは、タマゴと新鮮なココナッツ・ジュースまたはココナッツミルクとラム酒を混ぜてつくる。メキシコのロンポペは、タマゴにシナモンとラム酒または穀物アルコールを加えてつくり、タマゴ酒というよりはリキュールとして飲まれている。ペルーのビブリア・コン・ピスコは、ピスコというポミス・ブランデー［ワインのしぼり滓からつくるブランデー］を原料とするもので、祝祭日によく飲まれている。

オランダのアドヴォカートは、古くはアドヴォカテンボローと言い、ブランデーと砂糖とタマゴでつくったリキュールである。ベトナムのソーダ・シュア・ホット・ガーは一般にエッグソーダと呼ばれ、卵黄、加糖コンデンスミルク、炭酸水でつくった甘い飲み物であり、同じようなものがカンボジアでも飲まれている。ポーランドで人気のあるコーゲル・モーゲル（イディッシュ語ではゴーゴル・モーゴル）は、卵黄と砂糖にチョコレートやラム酒などで香りづけした、飲み物というよりデザートである。

すでに3章で触れたザバリオーネ（別名ザバヨンもしくはサバイヨン）はカスタードでつくったイタリアの素朴なデザートで、材料は卵黄、砂糖、マルサラ・ワインである。ドイツのアイアープンシュは文字どおり「タマゴ酒」という意味で、卵白、砂糖、白ワイン、バニラでできた温かい飲み物だ。クリスマス時期にドイツやオーストリアで盛んに飲まれる。

ポンチェ・クレマはナヴィデニャース（クリスマスのこと）の祝日を祝うための、ベネズエラの伝統的な飲み物で、牛乳、砂糖、ラム酒、香辛料とタマゴを材料とするが、ベネズエラ各地でその造り方は異なる。日本で飲まれている玉子酒は、熱い日本酒に砂糖と生タマゴを加えたものだ。

言うまでもないが、エッグノッグは1杯当たり、優に４００キロカロリーを超える。どんな種類のエッグノックを好むかは人それぞれだが、エッグノックは12月24日に飲まれることが多い(3)。

リディア・マリア・チャイルドは、ロマン小説や児童文学の作家であり、奴隷解放を訴える新聞やパンフレットの編集者として活躍した、19世紀のアメリカを代表する女性ジャーナリストだ。チャイルドは著書『アメリカの質素な主婦 *The American Frugal Housewife*』（１８２９年刊）のなかで、1章を割いて「家庭料理」について論じている。特にタマゴについては、全卵を（殻も一緒に）コーヒーに加えてかき回すことで、コーヒーの風味が増すとともに雑味がなくなるというスカンジナビアに伝わる生活の知恵について述べている。また、チャイルドによるパンケーキのレシピは以下のようなものだった。

牛乳半パイント（約500ミリリットル）、砂糖スプーン山盛り3杯、タマゴ1〜2個、溶かした真珠灰（不純物の含まれる炭酸カリウムで、現在のベーキングパウダーの役割を果たしていた）を小さじ1杯、香辛料としてシナモンまたはクローブ、塩少々、ローズウォーターまたはレモンブランデーを用意する。これに小麦粉を加えて、小麦粉がだんだん固くなってスプーンが回りにくくなるまでかき混ぜる。生地が水っぽいと油を吸収しやすいので注意する。フライパンで油を熱してから、生地をスプーン1杯分垂らす。全体に焼き色が付くまで焼く。(4)

●発明時代——マヨネーズ

パン生地やデザートにはタマゴを8〜10個使うので、1870年にターナー・ウィリアムズが発明した手回し式タマゴ泡立て器は大いに重宝がられた。逆回転するふたつの泡立て器を組み合わせた構造は、それ以前の泡立て器1個だけが回転するモデルよりも格段に進歩していた。主婦はこの便利な泡立て器を大歓迎した。

油、タマゴ、酢、調味料、香辛料を乳化させたマヨネーズをアメリカに持ち込んだのは、ドイツ系移民のリチャード・ヘルマンだった。1905年、ヘルマンはニューヨーク市内にデリカテッセンを開業し、妻のレシピによるマヨネーズを使ったサラダやサンドイッチを売り出した。そのマヨネーズが好評を博したので、ヘルマンはバターを量るための木の舟形容器に入れて売ることにした。何種類かあるマヨネーズのうち、目印に青いリボンを巻いたものの人気が高かったので、1912年にヘルマンは青いリボンをモチーフにしたラベルをデザインした。そのラベルは今日でもブランドの象徴としてガラス瓶に貼られている。

ヘルマンのマヨネーズが東部で人気を集めているのと同時期に、ベストフード社がカリフォルニアの消費者相手にマヨネーズを売り出していた。両ブランドはともに成功し、1932年にヘルマン社とベストフード社は合併した。現在ではヘルマンもベストフードもユニリーバの傘下となり、瓶入りマヨネーズの市場において、アメリカでは45パーセント、イギリスでは72パーセントのシェ

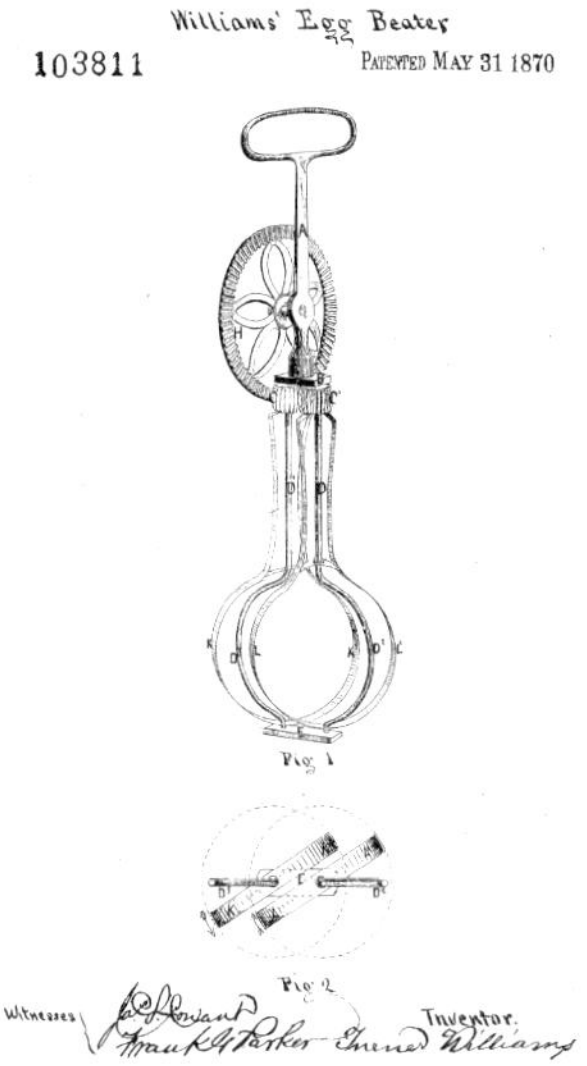

1870年、ターナー・ウィリアムズは手回し式のタマゴ泡立て器を発明した。

ヘルマン・ブランドの瓶入りマヨネーズには、「ブルーリボン」のラベルが貼られている。

アを占めている。

一説によると、マヨネーズ（mayonnaise）は当初マオネーズ（mahonnaise）と呼ばれていたが、1841年に出版された料理書の印刷ミスが原因で今日の名称になったという。

マヨネーズの起源として広く信じられている説は、リシュリュー公爵アルマン・ジャン・デュ・プレシー（1696～1788）のお抱え料理人が、1756年のスペイン領ミノルカ島の都市、マオンをフランス軍が占領したことを祝う宴席用のレシピとして考案した、というものだ。侯爵は優れた軍事的指導者として名高かっただけでなく、美食家としても有名だった（晩餐会に招待した客に裸体になることを求める奇癖があったともいう）。戦勝祝賀会にはクリームとタマゴでつくったソースを供する予定だったが、厨房にクリームがなかったので、シェフはクリームの代わりにオリーブオイルを使って新しい料理を開発し、それをマオネーズと名付けた、という話が伝わっている。

別の説を支持する料理史研究家もいる。マヨネーズは卵黄に油を加えて激しく撹拌してつくるが、卵黄を意味するフランス語の古語「モユネーズ（moyeunaise）」が語源となっている、という説だ。

●デビルドエッグとエッグベネディクト

中世スペインの台所で生まれた、さまざまな具材をタマゴに詰めるレシピは、イタリア、フランス、ベルギー、イギリス、さらにはその植民地へと伝わっていった。コロンブスのタマゴは、

パプリカを振りかけたデビルドエッグ

1857年に出版されたエリザ・レスリーの『レスリー嬢の新しい料理 *Miss Leslie's New Cookery Book*』に登場している。20世紀の初め頃、ハンガリー系移民がアメリカに持ち込んだパプリカは、今日でもデビルドエッグ（詰め物をしてきれいに飾り付けたタマゴ料理）に振りかけられている。

「デビルド」という言葉は、18世紀半ば頃から香辛料を利かせた食品を形容するのに用いられるようになった。19世紀後半になると、デビルドエッグとは、詰め物をしている、いないにかかわらず、香辛料を利かせたタマゴ料理を意味するようになった。そして現代のアメリカでは、香辛料の有無に関係なく、たとえ白身のなかに詰め物をしてつくられたデザートであっても、デビルドエッグと呼ばれるようになった。

詰め物をしたタマゴ料理は、13世紀アンダルシアの著者不明の料理書に初めて登場する。そこに掲載されているのは、ゆでたタマゴの黄身にコリアンダー、タマネギのしぼり汁、コショウ、コリアンダーシードをよく混ぜ、さらにムリ（マルメロ、クルミ、ハチミツでつくった調味料）、油、塩を加えて攪拌し、これを白身に詰めたら、白身を小さな木の棒で閉じ合わせて、コショウを振りかける、というものだ。

世界大恐慌のときには、タマゴ料理は経済的で栄養価も高いとして推奨された。1933年5月21日、フランクリン・D・ルーズベルト大統領夫妻はホワイトハウスの午餐会で、トマトソースをかけたタマゴの詰め物料理をアントレ〔前菜〕として食べた。コーネル大学家政学科が企画したこの料理は、一皿当たりのコストがわずか7・5セントで、大統領も「大変結構だ」と言ったという。

アメリカ南部の食文化を研究する、南部食生活同盟の発起人であるリチャード・A・ブルックスが「デビルドエッグは、前菜として最初に食べるべきものだ。細菌がつくのが怖いからではない。ぐずぐずしていると食べそこなうからだ」と言うほど人気のあるメニューなのである。

アメリカの高級レストランの先駆けともいえる「デルモニコス」は、エッグベネディクトで有名である。1860年代、顧客だったル・グラン・ベネディクト夫人は昼食のメニューに好みの料理がなかったので、デルモニコスのシェフ、チャールズ・ランホーファーに何か気の利いたものを出してほしいと頼んだ。そこでランホーファーが考え出したのが、今日でもブランチのメニューとして人気の高い、エッグベネディクトだった。1894年に出版されたランホーファーの著書『エ

ピキュリアン *The Epicurean*』には「エッグ・ア・ラ・ベネディック（ウーファ・ア・ラ・ベネディック）」というレシピが掲載されている（夫人の姓「ベネディクト」を誤記したものである）。

マフィンを横方向に半分に切り、こんがりと焼く。マフィンと同じ大きさで厚さ8分の1インチ（約3ミリ）のハムを焼いて、半切りのマフィンそれぞれにのせる。中温のオーブンで温め、トーストの上にポーチドエッグをのせる。全体にオランデーズソースをかける。

一方、ル・グラン・ベネディクト夫人とは何の関係もないレミュエル・ベネディクトは、「ニューヨーカー」誌1942年12月19日号の「町のうわさ」というコラムで、「ベネディクト夫人起源説」を否定した。レミュエル・ベネディクトによれば、彼がウォール街の株仲買人だった1894年に、二日酔いの状態でニューヨーク市内のウォルドルフ・ホテルに行き、二日酔いを治すために「バターを塗ったトースト、カリカリに焼いたベーコン、ポーチドエッグ2個、オランデーズソース少々」を注文した。ウォルドルフの伝説的な支配人オスカー・チルキーはこれに感銘を受けて、カリカリベーコンをカナディアンベーコン、トーストをイングリッシュマフィンに変えたうえで、朝食と昼食のメニューに加えたという。

また、ニューヨークで有名レストランを経営していたジョージ・レクターも一家言あるようだ。レクターのエッグベネディクトのレシピによれば、「おいしいオランデーズソースをつくれる妻は

毎日世界中で食べられているマクドナルドのエッグマックマフィン

幸せな結婚生活の証」だそうである。

◉外食産業から生まれたタマゴ料理

レストランチェーンが朝食で成功した好例は、マクドナルドのエッグマックマフィンだろう。1971年にこのメニューを思いついたハーブ・ピーターソンは、もともとはマクドナルドの宣伝担当者だったが、後にシカゴでのマクドナルド独占販売権を持つ有力フランチャイジーとなった人物だ。

アメリカの大手レストランチェーン、ジャックインザボックスがすでに売り出していたエッグベネディクト・サンドイッチにヒントを得て、ピーターソンは手で持って食べられるメニューを考案した。下にたれやすいオランデーズソースはやめて、熱いタマゴにチーズを一切れのせることにしたのだが、これがタマゴにぴったりだったのだ。

マクドナルドの従来の生産ラインではポーチドエッグ

はつくれなかったので、ピーターソンは新しい調理機器を開発した。それは6個の丸い穴が開いた焼き型で、タマゴをイングリッシュマフィンの形に焼き上げた。このタマゴとマフィンの組み合わせにカナディアンベーコンを添えて、商品は完成した。エッグマックマフィンは1975年に全米で販売が開始され、今日では世界中で最も人気のある朝食となっている。

最近、高級レストランに登場して人気を博しているのが、「時間をかけてゆっくり調理した」タマゴ料理だ。生タマゴのような半透明のタマゴが登場した当初は違和感を覚える人たちもいたが、この不思議な料理はその後、人気を博した。

ユタ州ソルトレークシティのレストラン「ファリッジ」のシェフ、ヴィエト・ファムとボーマン・ブラウンは、ニワトリ、ウズラ、アヒルのタマゴを使って、「スロー・クックド・ファームエッグ」というメニューを提供している。これは、真空調理法（スー・ヴィッド）という、低温でゆっくりと加熱する方法でつくられ、卵白は柔らかく、卵黄はとろけているのが特徴の料理だ。客の目の前で、ローストしたチキンのブロス（だし汁）をタマゴに注いで供する。新しいタイプのタマゴとじスープと言えよう。

ダラスのレストラン「ノンナ」のシェフ、ジュリアン・バルソッティもタマゴの熱狂的ファンで、「新しいタマゴ料理（ヌーボー・ウォーボ・キュイジーヌ）」を次々と開発している。なかでもバルソッティの名を高めたのが、「4種類のチーズと自家製ソーセージをトッピングした白いピザ、目玉焼き添え」だ。

また、バルソッティが開発した他のタマゴ料理には、スフォルマティーノ（洋風の茶わん蒸しのような料理、バルソッティの場合はローストしたカリフラワーに目玉焼きを添えてある）、ラビオ

ニューヨークのホテル「ル・パーカー・メリディアン」の「ズィリオン・ダラー・ロブスター・フリタータ（数兆億ドルのロブスターの南欧風オムレツ）」

リ（フィリングのリコッタチーズとフダンソウ［ホウレンソウに似たアカザ科の葉野菜］に、卵黄をたっぷりとからませてある）などがある。バルソッティのタヤリン（卵黄入りの極細の長パスタ）は、スペック（イタリア風の塩漬けのスモークハム）やソテーしたルッコラとあえて、目玉焼きにしたウズラのタマゴ2個を飾り付けてある。

　アメリカらしく「大きいことはいいことだ」を地で行くのが、ニューヨークのホテル「ル・パーカー・メリディアン」内のレストラン「ノーマ」の名物料理で、世界一「高価な（エッグスーペンシブ）」オムレツ、「ズィリオン・ダラー・ロブスター・フリタータ」だ。ロブスター丸ごと1匹分の身をタマゴでとじてキャビアを飾った芸術作品（オブジェダール）のような料理を創作したのは、シェフのエミリオ・キャスティオである。食べたいなら1000ドル払うご用意を――スモールサイズでも100ドルだ。

世のなかには、タマゴのためなら金に糸目を付けない人もいる。ロシア皇室ご用達の宝石商カール・ファベルジェが1885年に制作したシンプルな白いエナメル製のタマゴは、アレクサンドル3世から妻のマリア・フョードロブナへのイースターの贈り物だった。マリア・フョードロブナを喜ばせるために、タマゴのなかには黄金の卵黄、その卵黄のなかに黄金のメンドリが黄金の巣の上に座っており、そのメンドリのなかにはダイヤモンドでできた帝冠のミニチュアが入っていて、さらにそのなかには小さなルビーのペンダントが隠されている。

この贈り物が契機となって、ロシア皇室では贅沢な宝飾タマゴを贈って祝い事をする習慣が定着した。以来、1917年にボリシェビキ革命が勃発するまでの30年間、約50個のそれぞれに個性あふれる宝飾タマゴがロシア皇室のために創作された。その大半には、宝石がふんだんにちりばめられている。これらのタマゴは革命中に姿を消し、その後は世界中のコレクターのあいだで転々と持ち主を変え、現在に至っている。

ファベルジェのピンクのタマゴは2007年に約1850万ドルで売買された。これは、史上最高値のタマゴと言って間違いないだろう(5)。

有名なファベルジェのタマゴ。50個ほどしか制作されなかった。

ファベルジェの「薔薇の格子」のタマゴ

第5章◉タマゴ・ビジネス

良いものは小さな包みに入ってやってくる。
——ことわざ

◉産ませる　孵す　運ぶ

世界中の農耕社会で、メンドリは自由に動き回って、好きな場所でタマゴを産んできた。人々はタマゴを集めてさっさと食べていたが、1800年代にアメリカで西部開拓が始まると、そんなふうにタマゴを手に入れることができなくなった。そこで、開拓民たちはタマゴが長旅の途上で割れないように、コーンミールで包んで保護した。ミシシッピー河沿岸で活動する商人たちは、タマゴが割れないようにラードで筒状にくるみ、そのラードごとタマゴを売った。

1850年から1900年のあいだに、タマゴとニワトリは信じがたいほどの進化論的な変化を経験した。まず、中国が輸出規制を緩和したことで、アメリカの農家はアジアの貴重な鶏種、た

保存用に塩漬けされたアヒルのタマゴ

とえば大柄で派手なコーチンなどを輸入できるようになった。こうした新しい鶏種の導入がきっかけとなって、より味のよいタマゴ、より多くのタマゴを産むニワトリの開発をめざす「メンドリ・フィーバー」が勃発した。アメリカの農家のほとんどがニワトリを飼育してタマゴを生産し、自分たちで食べたり、近隣の人々に販売したりするようになった。

とはいえ、飼われているニワトリの群れは小さく、農家の主婦がタマゴを集める程度だった。タマゴを売って得たお金は、主婦のものとされていた。主婦はメンドリが隠れてタマゴを産まないように、必ずタマゴ1個を巣に残すようにした。タマゴが一個でもあればメンドリはその巣を離れないと思われていたからだ。そして「巣のタマゴ（ネスト・エッグ）」という言葉は、転じて「ヘソクリの隠し場所」を意味するようになった。

アメリカの農家はニワトリを泥棒や野獣、悪天候から守るためにニワトリ小屋を建て、タマゴを市場で売るために生産量を増やそうとした。その際に大いに役に立ったのが、１８１８年に特許申請されたスミスの孵卵装置だった。それは、扇風機付き大部屋で温風を部屋の隅々までいきわたらせるというものだった。しかし、今日のような大規模で効率的な孵卵器の先駆けとなる装置が開発されたのは、ようやく１８４４年になってからだ。それによってニワトリ、シチメンチョウ、アヒルなどのタマゴを人工孵化できるようになった。[1]

カリフォルニア州ペタルーマは、世界最大のタマゴの生産地となった。１８７９年、発明家のライマン・バイスと歯科医のアイザック・ダイアスは、孵化を早められる孵卵器を開発したが、特許を取得したダイアスが１８８４年に狩猟中の事故で死去した後は、バイスが発明の権利を主張した。バイスの木製の孵卵器と育雛器は４６０～６５０個のタマゴを収納でき、孵化率は90パーセントに達した。そして、バイスが設立したペタルーマ・インキュベーター・カンパニーから発売された孵卵器は、１８８８年には年間１０００台の販売量を誇った。１９１７年には１６００万ダース（1億９２００万個）のタマゴがペタルーマから出荷され、５万羽のニワトリを所有するコルリス・ランチは世界最大のタマゴ生産農場となった。[2]

１８９０年に冷蔵倉庫が登場する以前、タマゴは乾いた状態で麦カスや木灰にくるまれて冷暗所に保管されていた。そうした梱包材ごとタマゴを輸送するのは、とても費用がかかった。

また、タマゴの鮮度をより長く保つために、農家はタマゴの孔をふさいで水分が失われないようにした。孔を塞ぐものとして二酸化炭素、サボテン液、石鹸、セラック［カイガラムシの分泌物を精製したコーティング剤」などが試されたが、最も有効なのは鉱油（こうゆ）だった（これは今日でも使われている）。１９００年代には、ガラス容器に入れたバクテリア耐性のケイ酸ナトリウム溶液に浸すことで、タマゴの鮮度を保てる期間は8〜9か月にまで伸びた。

農家とホテルのあいだでは、輸送中に割れたタマゴをめぐるいざこざが絶えなかったが、この問題を解決したのは、ブリティッシュ・コロンビア州スミザーズで新聞編集者をしていたジョセフ・コイルが１９１１年に考案したエッグカートン（タマゴ用パック）である（イギリスでは「エッグボックス」と呼ばれていた）。エッグカートンは、1パックに12個のタマゴを、互いに接触しないよう、くぼみのなかに立てて収納し、その状態で輸送できるように設計されていた。

第一次世界大戦中のアメリカでは、軍に供給するためにタマゴの生産量を増やすことが奨励された。政府の国防委員会の指導の下で、ウィスコンシン大学が農業改良普及事業の一環として作成したチラシには、次のように書かれていた。「ニワトリを数羽飼うことから始めよう。アンクルサムのバスケットには、タマゴがほんの少ししか入っていない。残飯を利用して、庭でニワトリを飼って、新鮮なタマゴを自家生産しよう」。アメリカ人は力を結集した。１９１４年には、主婦たちが考案した傷病者向けのタマゴ料理のレシピが掲載された戦時下料理本が編集され、負傷して帰還した兵士たちの体力回復に貢献した[3]。

◉タマゴ・ビジネスの誕生

１９１７年までに1ダース当たりのタマゴの価格が30セントから46セントに急騰すると、ペタルーマはゆるぎない成功を収め、この規模の都市としてはアメリカ有数の豊かな地域となった。凄腕の広報担当者Ｈ・Ｗ・〝バート〟・ケリガンの尽力もあって、ペタルーマは「世界のタマゴバスケット」の異名を取るようになり、１９３０年代にはペタルーマ市民は「チキン」にひっかけて「チカルーマン」と呼ばれていた。

１９２７年4月のナショナル・ジオグラフィック誌では「裏庭の養鶏業者」が取り上げられたが、戦争が終わるとタマゴを自家生産する人たちは次第に姿を消していった。養鶏産業は機械化され、鶏舎はもっと大きな営利を目的に経営されるようになった。

穀物の不作に苦しむ中西部の何千軒もの農家はニワトリによって救われた。なにしろ、体重１・8キロのメンドリは、34～36キロの餌があれば、３００個ものタマゴを産むのである。養鶏業者はタマゴを産むメンドリの数を４００羽にまで増やした。そうしたニワトリは放し飼いにされ、寝るときだけ小屋に入れられた。鳥特有の「つつきの順位」［群れのなかで上位の個体は下位の個体をつつくことができるが、下位は上位をつつき返すことはできないという習性］という序列があるため、体が大きくて攻撃的な個体ほど多くの餌を食べることができる。タマゴの生産は労働集約型産業であり、等級付けと検査は人間の手で行われる。タマゴは一個一個、照明にかざして検査され（これ

検卵作業

ハッチャーボーズ社のタマゴ輸送用のフォード社製トラック（1926年、ワシントンD.C.）

を検卵（けんらん）という）、木箱に詰められて市場に出荷された。

ニューヨークのサミュエル・マイアーフェルドは、コイルが設計したエッグカートンを改良し、パックの台紙に切り込みを入れてラベルを貼り、1ダースでも6個でも販売できるようにした。イギリスのエリザベス朝時代以来、イエスの12人の弟子に敬意を表してか、タマゴはダース単位で売られてきた。確かに包装の実用性の観点から見てもタマゴを偶数個単位で売るのは合理的だ。タマゴは縦にして保存したほうが長持ちすることがわかっているので、6個詰めもしくは12個詰めで販売されるのが一般的になった。

ヒナの雌雄を鑑別できるようになったことで、養鶏産業は大きく様変わりした。タマゴを産む若いメンドリだけを飼育できるようになったのである。日本ではずっと以前から雌雄鑑別が行われてきたが、アメリカ政府は商業目的の雌雄鑑別師を認可することをためらっていた。ところが、日本人がバンクーバーに開設した学校で1930年代に雌雄鑑別の技術を学んだグラディス・ハンジーが、それをペタルーマに持ち帰った。また、屋内飼育が主流となり、ニワトリの自由を奪うトラップネスト［個体産卵箱］が使われるようになったことで、どのメンドリがどれだけタマゴを産むかが正確にわかるようになり、最も多産な個体を選んで飼育できるようになった。

ケージ式の鶏舎が開発されると、タマゴを集めて消毒する作業は楽になった。より多くのニワトリをより狭い空間に収容できるようになったことで、タマゴの生産性が向上したのである。日照時間が長いとタマゴを産む量も増えるため、人工の光を浴びせるようにもなった。さらにベルトコンベヤーを使ってニワトリに餌を与え、タマゴを集めることで、時間と労力も省けるようになった。

第二次世界大戦後、新技術が導入されると、ベルトコンベヤーがタマゴを運び、洗浄・分類・箱詰めも自動で行われ、冷蔵トラックが新鮮なタマゴを消費者に届けるようになった。屋内飼育をすることで、ニワトリの健康状態も以前より向上した。生産力が高まり、ワクチンと抗生物質のおかげで病気も減り、空調を備えたケージフロアの鶏舎は飼育環境を向上させた。

ベストセラーにもなったベティ・マクドナルドの自叙伝をもとに制作された映画『タマゴと私』（1947年）では、こうした鶏卵産業のようすが詳しく描かれている。フレッド・マクマリー演じる帰還兵は、一旗揚げようと古い養鶏場を買い取り、都会育ちの新妻を連れて田舎にやってくる。物語のなかで、主人公の古い家畜小屋は放し飼いの鶏舎へと変わり、その後はベルトコンベヤーな

New Egg Processing Machine

A NEW machine, original in design and operation, for the processing of eggs for preservation in cold storage for as long as a year has been developed by a San Francisco machine works. The machine consists of a number of trays moving over rollers which convey the eggs to a hot oil bath, processing an average of 76 cases of eggs per hour, and keeping three operators busy.

Trays of eggs on this new high speed processing machine are conveyed by motor driven endless chains moving on rollers to hot oil bath and then placed carefully in packing case. 76 cases of eggs are processed per hour for cold storage.

1931年当時、最新の機器の処理能力は1時間76パックだった。しかも3人のオペレータが付きっきりで忙しく働いている。

どの最新設備を備えた近隣のケージ式鶏舎を買収する。

◉品質管理

10万羽のメンドリにタマゴを産ませている農場は、アメリカでは大してめずらしくない。なかには100万羽以上飼育している農場もある。ホルモン剤を与えずに飼育されているメンドリの数は2億3500万羽あまり、そのメンドリが産むタマゴの数は1羽当たり年間250〜300個である。

鶏舎は人手を省けるように設計され、産み落とされた無精卵（オンドリと交尾しなかったメンドリが産むタマゴ）はオートメーションのベルトコンベヤーで運ばれたり、傾斜のついた滑落路を転がり落ちたりする。こうした現代的な手法で集められたタマゴは、室温4〜7℃で、湿度が高めに保たれた冷蔵保管庫に入れられる。

次いで、高度なコンピュータシステムと機械設備を備えた処理施設に運ばれ、回転洗浄、傷の有無を調べる音響検査、高輝度の照明による鑑別、アメリカ農務省が定めた標準に基づく等級分類、サイズの測定、エッグカートンの包装、輸送用荷箱の梱包、冷蔵トラックへの荷積みと、作業は次々に自動的に行われる。何百万個ものタマゴが、人手に触れることなく処理され、産まれたその日に出荷されるのだ。

アメリカで販売されているタマゴのサイズは、超特大、特大、大、中、小、極小だ（ヨーロッパでは、特大、大、中、小）。等級の決め手となるのは、気泡、卵黄を取り巻く卵白の透明度と大きさである。小売りされるのは等級AAとAのみである。等級Bのタマゴは、たいていは割らずにそのまま製パン工場や食品加工施設などに送られ、短時間で高温加熱処理されるか低温殺菌される。

アメリカ議会が卵製品検査法を可決した1970年以降、アメリカ内で消費されるタマゴ製品はサルモネラ菌を殺すために低温殺菌されるようになった。液体化、冷凍、乾燥など、加工されるタマゴの量は、年間に消費される780億個のタマゴの30パーセント強を占める。

近年、農業研究事業団（ARS）の研究者たちは、低温殺菌された液体タマゴの安全性を高める「精密ろ過膜」を利用したクロスフロー方式の分離技術に関する特許を出願した。この方法ならば、低温殺菌よりも効率的に液体タマゴ製品から病原体を除去することができ、しかも泡立ち、凝固、乳化といったタマゴの特性に影響を与えることもない。この技術を使ったタマゴももちろん加工食品に利用できるが、低温殺菌を完全にやめて精密ろ過幕方式に切り換えるのではなく、ふたつの技術を組み合わせて用いれば、タマゴを使った製品を病原体の危険から、よりしっかりと守ることができる。

市場調査会社シンフォニーIRIによると、タマゴを好む人と好まない人の割合は40対1だという。IRIが全米規模で店頭販売のデータを追跡調査したところ、市販されているタマゴに占める平飼いタマゴ（ケージに入れずに屋内の開放的な空間で飼育したメンドリから産まれたタマゴ）の割合はわずか2パーセント、オーガニックタマゴ（抗生物質を使わず、最小限の農薬、殺菌剤、除草剤、化学肥料しか使わない有機飼育のメンドリから生まれたタマゴ）、もしくは放牧タマゴ（戸外で放牧飼育したメンドリから産まれたタマゴ）はたったの1パーセントである。

タマゴの生産者はさらに高級な特別生産のタマゴも市場に出している。たとえば、先に述べた平飼いタマゴ、オーガニックタマゴ、放牧タマゴ以外にも、野菜しか与えていないメンドリが産んだベジタリアンタマゴなどが生産されている。

温水に漬けてバクテリアを殺し、二次汚染を防ぐために殻にワックスを塗った殻付き低温殺菌タマゴは、病院や老人ホームに最適であり、生タマゴを使うレシピにも向いている。栄養強化タマゴはオメガ3脂肪酸とビタミンEが豊富なので、魚をあまり食べない人にとってはよい選択肢であり、65歳以上の高齢者の失明の最大の原因である黄斑変性のリスクを減らすのに役立つルテインも含ん

現代のタマゴ生産ライン

タマゴに下から照明を当てて有精か無精かを調べる。

でいる。有精卵はインフルエンザをはじめとするワクチンを製造するために使用され、精製タンパク質の原材料ともなる。有精卵を珍重する文化もあるが、スーパーマーケットで買えるタマゴは無精卵である。(4)

タマゴが6個単位か12個単位で売られているのは、タマゴの販売者にとって都合がよい。なぜならタマゴのパッケージには、他のどんな食品よりも多くのラベルが貼られているからだ。そこには、動物の権利保護、食の安全性、栄養に関する情報など、消費者の関心事と鶏卵産業が抱える問題について記されている。「平飼い」「放し飼い」「飼料は野菜のみ」といった但し書きや、ビタミンEやオメガ3脂肪酸に関する栄養学的な説明も書かれている。タマゴの殻にも、賞味期限や販売企業のロゴマークなどが印刷されたシールが貼られている。(5)

食料品店で売られているタマゴは、すでに洗浄・消毒され、殻を保護するために無味の鉱油が塗られている。賞味期限は重要だが、タマゴをパックから出して冷蔵庫のホルダーに入れ替えて保管しているとしたら、考え直したほうがいい。冷蔵庫を開け閉めするたびに、タマゴの温度が変わってしまい、病原体が増殖する恐れがあるからだ。

タマゴの鮮度がはっきりしないなら、割ってみるとよい。白身が濁っているなら新鮮だが、ピンクがかった白なら、そのタマゴは腐っていて食べることはできない。「幸いにも新鮮さを保ったタマゴなら、あらゆる期待に応えるだろう」。これは、エッセイスト・批評家・小説家のヘンリー・ジェームズ（1843〜1916）の言葉である。

◉サルモネラ菌ショック

全世界の養鶏業者の90パーセントが金網張りの鶏舎を使っているが、これはタマゴの生産にとっては問題の多いやり方だ。300〜400平方［約18〜20センチ四方に相当］センチのなかにメンドリを過密状態で入れておくやり方は、タマゴの価格を安く抑えられるものの、厳しい非難の的となっている。

1990年代、ニワトリの体内にサルモネラ菌というバクテリアが存在することが判明した。このバクテリアに汚染されるタマゴの数は年間230万個にのぼり、人間にとってもニワトリにとっても深刻な健康問題となった。養鶏業界は消費者からの非難に対して、平均的な消費者がサルモネラ菌に汚染されたタマゴに出会う確率は84年間に1度の割合だと答えた。汚染されたタマゴを食べる確率よりも、タマゴを買いに行って交通事故にあう確率のほうが高い、と言う人もいた。

理にかなった説明ではあったが、タマゴの売り上げは史上最低を記録した。養鶏業界が鶏舎と業界イメージの浄化に取り組んでいるあいだに、ビル・クリントン大統領は自国民を食品由来の疾病から守るために、大統領直轄の食品安全評議会とタマゴの安全性に関する特別委員会を設立し、タマゴからサルモネラ菌を除去するための計画に着手した。この計画には、サルモネラ菌に対する抵抗力を増すために、ニワトリにプロバイオティクス（健康によい微生物）を与えるという案も含まれていた。2002年1月、食品医薬品局と食品安全検査局は、タマゴとタマゴ食品に関して、

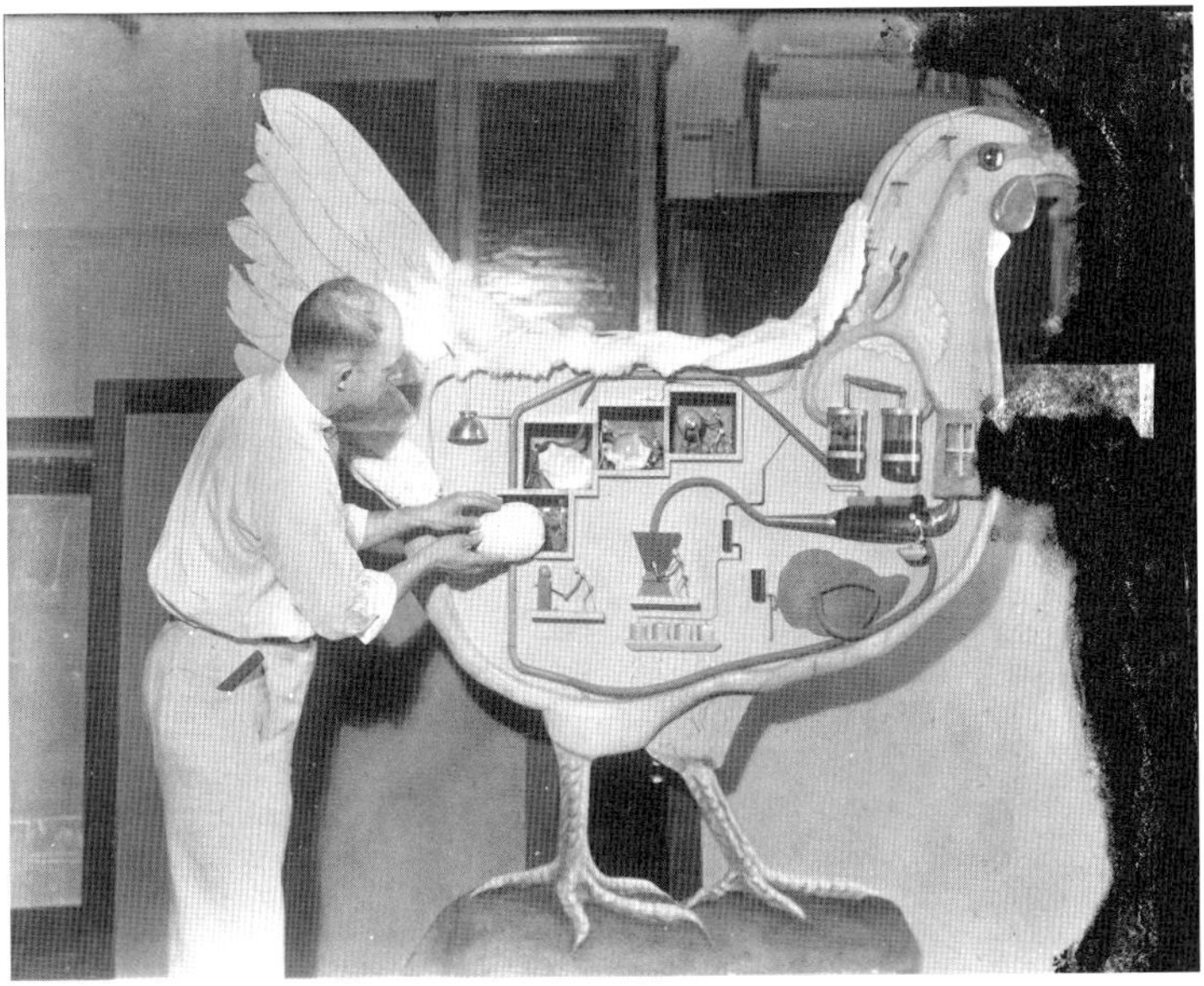

タマゴはどうやって産まれるのか（1950年代）

生産者から消費者まで一貫して食の安全を守るための戦略を立案した。

一部の消費者は鶏卵産業の過度な工業化を嫌い、高いお金を出してでも、ゆとりのある空間でオーガニックな飼料や、タマゴの栄養成分を向上させるドコサヘキサエン酸とオメガ3脂肪酸を含む飼料を与えられて飼育されたニワトリから生まれたタマゴを求めるようになった。それを受けて、アメリカやヨーロッパではニワトリを放し飼いで有機飼育する小規模な農場が復活した。従来の狭いケージを、最低でも約400〜550平方センチに変更すべきだとの主張がますます高まった。

アメリカでは、タマゴを4つに分類して表示する新しいシステムが登場した。その4種類とは、従来のケージで生産されたタマゴ、改良型のケージで生産されたタマゴ、ケージを使わずに生産されたタマゴ、放し飼いで生産されたタマゴである。ケージ飼育はEUでも段階的に廃止されており、スイスでは、すべてのメンドリは自由に戸外に出られるように飼育することが法律で義務付けられている。

大手食品メーカー、ゼネラル・ミルズは、ケージに入れないメンドリが産んだ、ケージ・フリーのタマゴ100万個を、同社がヨーロッパで販売するハーゲンダッツブランドのアイスクリームに使用すると宣言している。ユニリーバ社(アメリカ法人)のヘルマンブランドのライトマヨネーズはケージ・フリーのタマゴを原材料とし、小売り大手のウォルマートも自社ブランドのタマゴをケージ・フリーに切り替えた。

バーガーキング、ウェンディーズ、クイズノス、CKEなどの外食大手もケージ・フリーのタマゴを使用するようになった。サンドイッチ・チェーンのサブウェイも、近日中に使用するタマゴすべてをケージ・フリーにすると宣言している。

一方、アメリカおよびヨーロッパのマクドナルドで使用されているタマゴは、ケージ・フリーではない。

第6章◉「タマゴとニワトリ」論争

明日のメンドリより今日のタマゴ。
——ベンジャミン・フランクリン

◉最初のタマゴは？

聖書を文字どおりに解釈するキリスト教徒なら、タマゴより先にニワトリが生まれたと信じているだろう。「夕べがあり、朝があった。第四の日である。神は言われた、『生き物が水の中に群がれ。鳥は地の上、天の大空の面（おもて）を飛べ。』」（創世記1章19～20節）

もちろん、別の考え方もある。世界にはさまざまな神話、伝説、教えがある。だがひとつだけ確かなのは、鳥とタマゴは人類より先に出現したことだ。ノースカロライナ州立大学の最新の研究によれば、6800万年前のティラノサウルスの化石から検出されたタンパク質によって、ずっと以前から信じられていたように、恐竜、ワニ、爬虫類、ダチョウ、ニワトリには進化上の関係があることが裏付けられた。「ニワトリよりもずっと以前からタマゴは存在した」と、食品科学者のハロルド・マギーは言う。

最初のタマゴは海中で産卵されて受精し、孵化した。約2億5000万年前、最初の陸上生物である爬虫類は、自己完結型のタマゴを産んだ。そのタマゴは、水分を失って死ぬことのないように、非常に丈夫な、皮のような殻で覆われていた。その1億年後に登場した鳥類のタマゴは、より洗練されたかたちで生命を再生した。そういうわけで、タマゴは鳥よりも何百万年も前に誕生したのである(1)。

もうひとつの決定的な答えは、食の歴史にある。最初にタマゴがあったと考える人が多い理由は、ニワトリが紀元前5世紀にギリシャとイタリアに持ち込まれたとき、すでにガチョウ、アヒル、ホロホロチョウがタマゴを産み、そのタマゴが孵るのを人々は目にしていたからだ。これらの家禽のタマゴはニワトリのタマゴよりも先に食べられていたわけだが、ニワトリには食べる以外の用途もあった。娯楽のために闘鶏用に育てられたり、未来を占うための儀式に使われたりしたのである。

イギリスの作家・詩人のサミュエル・バトラー(1835〜1902)は「ニワトリとは、タマゴが次のタマゴを作るための道具にすぎない」と確信していた。バトラーの理論では、ニワトリが存在するずっと以前に、タマゴが存在したことになる。別の言い方をすれば、ニワトリはタマゴ

ヒエロニムス・ボス「タマゴのなか

……コ神話

タマゴの形からは、生命の本質が感じられる。古代から現代に至るまで多くの人が、タマゴには不思議な力があり、生命を創造するだけでなく、未来を予測する力もあると考えてきた。タマゴは誕生・長命・不死を象徴し、生殖力を保証する。古代では、宇宙はタマゴから生まれた（これを「宇宙卵」あるいは「世界卵」と呼ぶ）と信じられていた。ヒンドゥー教の聖典による

第53回グラミー賞授賞式で「ボーン・ディス・ウェイ」を歌いながら、半透明のタマゴから「孵化」するレディ・ガガ（2011年、ロサンゼルス）

と、カオスの海を浮遊する白鳥が産んだタマゴから世界は生まれたという。1年後、タマゴはふたつに割れ、片方は金、もう片方は銀になった。そして銀は大地に、金は空になった。殻の外膜から山が、内膜からは雲と霧が生じた。タマゴの静脈は河となり、タマゴの内部の液体は海に変じ、太陽もタマゴから孵った。タマゴは4元素の象徴でもある。すなわち、殻は大地、卵白は水、卵黄は火、そしてタマゴの殻の太い側の内側にある気室が大気を象徴している。(2)

インドの聖典によれば、創造神プラジャーパティの強い意志によって、原初の海に黄金のタマゴが生まれ、このタマゴから突如現れたブラフマンが、大陸、海、山、惑星、神、悪魔、人間を創造した。11世紀のインドの詩人ソーマデーバは、シバ神が原初の海に落ちた一滴の血から世界を創造した、と述べている。そしてタマゴが出現し、そこから現れ出たのが最高の霊魂であるプルシャであり、その両目の一方から天が、もう一方から地が生まれたのである。

古代中国の神話によれば、宇宙を制御する力である天が海中にタマゴを投じ、そのタマゴから最初の人間が出現した。紀元3世紀の中国、三国時代に編纂された『三五歴紀』という神話集では、天と地はタマゴの中身のように混ざり合っていた、と表現されている。混沌と呼ばれるこの状態が破れたのは1万8000年後のことで、明るい部分から天が、暗い部分から地が創られた。漢時代の天文理論によると、タマゴの卵黄が殻によって包まれているのと同じように、天が地を囲み込んでいると考えられていた。

現代の中国でも、赤ちゃんが生まれると、赤く染めたタマゴにショウガを添えて祝う。赤ちゃん

タイの寺院のブラフマン像。ブラフマンは黄金のタマゴから生まれたとされる。

赤く染めたタマゴ。中国では赤ちゃんが生まれた両親に贈られる。

黄金色の卵黄入りの月餅は、中国の伝統的な正月料理に欠かせない。

の両親は親戚や知人に赤く染めたタマゴをかごに入れて配るが、タマゴの数が8個か10個なら女の子、9個か11個なら男の子を意味する。招待を受けたら必ずお祝いに出席して、赤ちゃんに幸運が訪れるようにタマゴを贈るのが習わしである。

また、中国では葬式でも、タマゴを来世の象徴や死出の旅路の食糧として供える。卵黄は金貨に似ているとして、タマゴは富の象徴とされ、新年を祝う料理にはおめでたい卵黄をたっぷり使う。

8世紀に書かれた日本の歴史書『古事記』と『日本書紀』では、次のように語られている。

昔、天と地は分かれておらず、陰と陽も交じり合っていた。すべては卵のように混沌とした塊で、境界も定かではなかったが、そのなかには萌芽が含まれていた。純粋で澄んだ部分がわずかに引き出されて天を形成し、大部分の重い部分が沈殿して地となった。純粋な部分は簡単にひとつに溶け合ったが、重くて濃い部分はなかなかまとまらなかった。それゆえ、まず天が最初に形成され、その後に地が成立した。その後、天地のあいだで、神々が生じた。

ハワイの人は、タンガロアという名前の神が創造のタマゴを産んだと信じていた。このタマゴが割れて空と大地が形成され、タマゴの殻のかけらがサンドイッチ諸島（ハワイ諸島）やサモアの諸島群になったという。一方サモア人は、タンガロア・ランギというサモアの神がタマゴから孵って、そのタマゴの殻のかけらが南太平洋のサモア諸島になったと考えていた。

フィンランドの神話では、神々の神殿の主神であるウッコが、アヒルの一種であるコガモを遣わして水の女神の膝に巣をつくらせたが、そのコガモが産んだ黄金のタマゴが割れて大地と空が創られたという。グリーンランドのエスキモーは、世界はタマゴのようなものであると考え、大地の上に広がる青い空は、はるか北方のとある山を中心に回転しているタマゴのようなものだと信じていた。

古代エジプト人は「偉大なガチョウ」であるゲブ神と、天空の女神ヌートのあいだに生まれたタマゴから、大地と空が誕生したと信じていた。

イタリアのナポリはタマゴの上に築かれた、という伝説がある。後になってウェルギリウス［古代ローマの代表的詩人。中世には魔術師だという説が広まった］が招かれ、ナポリの町にかけられた呪いをダチョウのタマゴを使って解くことになった。ウェルギリウスはタマゴを入れたガラスの容器を銀のリボンでかごのなかに吊るし、地下に封印した。そして、このタマゴが割れたらナポリの城壁が破られ、町は崩壊するか海に沈むだろう、と警告した。

タマゴが隠された要塞はカステロ・デローボ（「卵城」という意味）と呼ばれるようになり、現存している。それ以来、世界各地で多くの人が、家を建てるときはタマゴを地下に埋めて、家の守りとするようになった。実際、オランダ、フランス、ドイツ、イタリア、イギリスの住宅の地下から、タマゴの殻が見つかっている。

ソビエト時代のロシアの作家、スラバ・ザイツェフは１９６７年に「宇宙からの来訪者」と題した記事で、古代人は人間が入った容器が天から降りてくる、つまり天のタマゴから人が現れるのを見たのではないか、と述べている。もちろん確かな証拠はないが、タマゴの特性を考えると、考察に値する話だろう。疑わしいと思う人には、次の格言を贈りたい。「タマゴのような人間は大勢いる。自我でいっぱいで、それ以外のものを入れる余裕がないのだ」

アメリカの短編作家シャーウッド・アンダソン（1876～1941）は養鶏場で育ったが、なぜタマゴが存在するのか、なぜタマゴから生まれたメンドリがタマゴを産むことを繰り返すのか、不思議に思っていたという。「この疑問は、私の血に溶け込んでいる。つまり、卵の勝利だ」

思うに、そんな疑問を私が抱くのは、私が父の息子だからだろう。とにかく、問題は私の心のなかで未解決のままである。そのことは、卵が最終的に完璧な勝利を収めた証拠でもある――少なくとも、我々一家にとっては。(3)

タマゴが先か、ニワトリが先か、確かなことは決してわからないだろう。しかし、タマゴはタマゴであり、それ以外のものではない。それさえわかっていれば十分だろう。

第7章◉タマゴから生まれる世界

まずは、自分が持っているタマゴをすべて神様のバスケットに入れなさい。そのタマゴが孵る前に、自分がどれほど祝福されているかを数えることです。

——ラモーナ・C・キャロル

キリスト教以前の時代から、春を祝う儀式として、人々はタマゴを彩色して祝福し、交換して食べてきた。春は、長い冬の眠りから目覚めて太陽が昇る、命が再生する季節だからだ。祝賀が行われるのは春分と秋分、つまり太陽が天の赤道と交差して世界中どこでも夜と昼の長さが同じになる日である。春分の日（3月21日頃）には、タマゴは細いほうの先端を下にしても立つと言われている。初期のキリスト教ではタマゴは再生のシンボルであり、キリスト教が広がるにつれてタマゴはキリスト復活の象徴となった。

中部ヨーロッパの美しく装飾されたイースターエッグ

◉イースターエッグ

中部ヨーロッパでは昔から、美しく装飾したイースターエッグがつくられてきた。ポーランドやスラブ系の人々は、驚くほど複雑なデザインでタマゴを装飾する。色鉛筆や針で描線を描き、何度も染料に浸して芸術作品に仕上げる。ユーゴスラビアのイースターエッグに描かれている模様の線や点には、すべて意味がある。「XV」という文字は、「キリストは復活した」という伝統的なイースターの祝いの言葉を意味している。帝政時代から今日に至るまで、ロシア人はイースターブレッドなど特別な料理で復活祭を祝い、装飾タマゴを贈り合う。

ドイツをはじめとする中部ヨーロッパ諸国では、タマゴの殻を壊さずに中身を抜いてイースターエッグをつくる。空にしたタマゴは彩色してレースや布で飾り、常緑樹または葉の付いていない木にリボンで吊るす。モラビアの村では復活祭前の第3日曜日に、少女たちがタマゴの殻と花で飾った木を持って、家から家へと祝福のために練り歩く。

タマゴの殻で木を飾る風習は、ドイツ系移民がアメリカに持ち込み、特にペンシルベニアダッチ［ペンシルベニア州に移住したドイツ系移民の子孫］のあいだで盛んである。「よい子には、彩色したタマゴをウサギが届けに来る」という話も、ドイツ系移民から伝わったものだ。

「灰の水曜日」直前の月曜日と火曜日は「懺悔節 Shrovetide」と呼ばれ、昔から春の大掃除が行われてきた（Shrovetide の語源は shrive = 懺悔する）。復活祭前の40日間は四旬節と呼ばれ、断食と告解を通じて魂を清める期間だ。

懺悔節はまた「謝肉祭（カーニバル）」の最後の2日間に当たる。謝肉祭（カーニバル）はラテン語の carnelevare に由来する。正式な宗教行事ではないが、四旬節のあいだは「肉食を控える」ことと関係があるのだろう。引きこもって過ごす四旬節を控えて、カトリック教徒は食べられるあいだは食べて、浮かれ騒ごうとするのだ。

懺悔節の火曜日には「マルディ・グラ（フランス語で「太った火曜日」の意）」、もしくは「パンケーキの火曜日」という特に盛大な宴会が開かれる。四旬節の前に、家にあるタマゴやバターなどの脂肪類を使い切らなければならないので、この時期にパンケーキやワッフルをつくるのは昔からの知恵なのだ。

四旬節が終わると、装飾を施した固ゆでタマゴが、しばらくのあいだ節制した食事に耐えたご褒美としてプレゼントされるのである。イースターエッグは四旬節の節制が終わったことを祝うだけでなく、異教の儀式（人間の性欲と春の種まきを結びつけ、その象徴としてタマゴを用いた儀式）――をキリスト教的にしたことを誇示するためのものでもあった。

◉タマゴの民俗学

エジプトのファラオ、ラムセスの時代にユダヤ人奴隷がエジプトから脱出したことを祝う、ユダヤ教の「過越祭」は8日間続く。最初の2晩は家族や知人が集まってセダーという晩餐の儀式を行う。そのハイライトが過越祭の正餐皿だ。正餐皿には過越祭を象徴する6種類の食材が盛られて家長の前に置かれる。マッツァー（種なしパン）、ヒツジのすね肉、苦みのある香草などと一緒に供されるのが、ベイツァと呼ばれるローストしたタマゴだ。これは固ゆでしたタマゴを殻が茶色になるまでオーブンで焼いたものだ。聖書時代のエルサレムの寺院で行われた儀式の捧げものの象徴でもあり、生命のサイクル、再生、豊穣を意味している。

一方、エジプト人は豊穣を願って寺院にタマゴを吊るした。また、古代ローマの貴婦人リウィアは、自分の胸でタマゴを温め、孵ったヒナの性別で生まれてくる自分の子供の性別を占った。そして占いの結果どおり、のちの皇帝ティベリウスが生まれたという。ラテンアメリカの人々は、タマゴを豊穣と再生を象徴するお守りとしている。フランスでは花嫁が新居の敷居をまたぐときにタマ

ベイツァ（ローストしたタマゴ）などが盛られた過越祭の正餐皿

ゴを割って、健康な子供をたくさん産めるよう願う。

タマゴは恋人たちの買い物リストにも載っている。1907年、カーマ・シャーストラ（「愛欲の聖典」の意味）協会は、探検家として知られるリチャード・バートン卿が訳した『匂える園』（邦訳版は青弓社刊）を出版した。15世紀にアラビア語で書かれた同書では、いくつかの食品が催淫剤として推薦されている。著書のマホメッド・エル・ネフザウィは次のように述べている。

ゆでたアスパラガスを脂で揚げて、これに砕いた香辛料を混ぜた卵黄をかけ、毎日食す。すると性交の能力が高まり、恋の欲求が刺激される。

フィリピンでは、タマゴから孵った男女に関する民話が伝わっている。そのタマゴを産んだのは、人間の言葉を話すハトに似た鳥（リモコン）である。男はマヨ川の河口で生まれたが、ある日、川を泳ぎ渡っているときに一筋の髪の毛を見つけた。その髪を川上へとたどっていくと、女と出会ったという。

ギリシャ神話では、ゼウスが白鳥に変身してスパルタ王テュンダレオースの妻レダを誘惑し、レダはタマゴを産んだ。そのタマゴからゼウスの子であるポルックスとカストルの双子が生まれた。レオナルド・ダ・ヴィンチとコレッジョは白鳥がレダと出会うようすを描き、詩人のウィリアム・バトラー・イェイツはモダニズムの名作「レダと白鳥」（『イェイツ詩集――塔』思潮社刊に収録）を書いた。

タマゴに関する神話は、ネイディブ・アメリカンの世界にも広く存在する。北米ナバホ族の「水中で形を成した偉大なるコヨーテ」はタマゴから孵ったとされている。ペルーの神話によれば、創世の海が後退した後も山頂に5つのタマゴが残り、そのひとつからインカ神話の英雄パリカカが生まれた。マヤ人は、タマゴには邪視の呪いを払う力があると信じていた。呪いをかけられた人の眼前で、呪医がタマゴを前後に動かしてから、そのタマゴを割り、あたかも邪視そのものであるかのように卵黄をにらんだ後、ただちにその卵黄を秘密の場所に埋めて呪いを解くという。

オンドリが必ず早朝に鳴くことや、メンドリがタマゴを規則的に産むことなどから連想したと思われるが、中国人はニワトリを「時を知る家畜」だと考えた。古代から中国人は、タマゴを何年間も保存するために、塩と粘土、あるいは煮た米と塩と石灰、もしくは塩と木灰と茶を合わせたものなどに漬け込んだ。そうして保存したタマゴの黄身は緑がかった灰色、白身は茶色のゼリー状になるが、中国人は、これを食べてもとりたてて健康に異常は見られないという。それでも、現代人が食べる新鮮なタマゴとは似ても似つかない。

また、中国人と南アジアの諸民族は、ニワトリやアヒルのタマゴを使って未来を予言した。色を塗ったタマゴをゆでて、殻に入ったひびの模様から占いの結果を読み取った。他にも、卵白だけを熱湯に入れて、ゆで上がった形を見て未来を占うという。

ギリシャ人は、タマゴが雷除けに役立つと考えた。フランスのオートザルプ地方では、タマゴは腹痛の薬だった。同じくフランスのメス地方では、魔術師の疑いがある人物にタマゴを与えると正体を現すとされた。フランシュコンテ地方では、タマゴを食べると転ばなくなると考えられていた。

総じてヨーロッパでは、昔から聖金曜日［復活祭の日曜日の前の金曜日］または復活祭の日に産まれたタマゴを畑や庭に埋めると、蜂の巣から身を守ることができると信じられてきた。スラブやドイツの農民は、豊作を願って鋤（すき）にタマゴを塗り付けた。今日でもギリシャ人は復活祭で、ひとりひとりが赤く染めた固ゆでタマゴを手にして、互いにそのタマゴを打ち付け合う。タマゴが最後まで割れなかった人（コツは、タマゴをなるべく指で覆い隠すこと）は、他のタマゴを全部獲得でき、その年は幸運に恵まれるという。

2009年の復活祭で、ホワイトハウスのタマゴ転がしに参加するバラク・オバマ大統領

◉タマゴと祝祭

イースターエッグは、あらゆる年齢の人を楽しませる。ホワイトハウスの芝生の上で行われるタマゴ転がしの行事は、1800年代初頭の大統領夫人ドリー・マディソンによって始められた。(1) イングランドやスコットランドでは、子供たちが斜面でタマゴを転がし、最後までタマゴが割れなかった子が勝者となる。参加者がゴールまでタマゴを自分の鼻で転がしていくという、さらに難しいタマゴ転がしもある。

ヨーロッパで一般的なのは、中身が空のタマゴの殻をボール紙で煽ってゴールまで転がしていく、という競争だ。タマゴは真ん丸ではないので、タマゴ転がしは見かけほど簡単ではない。

イギリスの田舎では、子供たちは今でも「ペース・エギング pace egging」という古くから伝わる遊び

1950年頃の絵本のイラスト

を楽しんでいる。「ペース」はヨーロッパ諸国で復活祭を意味する「パスク Pasch」や、ヘブライ語で過越祭を意味する「パソーバー Passover」に由来する。

ハロウィンで子どもたちが「トリック・オア・トリート（お菓子をくれなきゃいたずらするぞ）」と言ってお菓子をねだるのと同様に、ペース・エギングも参加者は仮装したり、紙製ののぼりや派手なリボンを身に着けたりして家々を回る。顔を黒く塗るか、あるいは仮面をかぶり、歌を歌ったり寸劇を演じたりしながら「ペース・エッグ」を要求する。この場合の「ペース・エッグ」は、彩色した固ゆでタマゴ、お菓子、小銭などである。

タマゴ探しは復活祭の朝の行事で、子供たちは家のなかや庭に隠されている、きれいに装飾されたタマゴを探し回る。年長の子供たちなら、タマゴ投げ（エッグ・トス）がお気に入りだろう。ふたり一組で2列に分かれて向かい合い、互いに生タマゴを投げ合う。うまく受けることができたら一歩後ろに下がり、投げ合いをさらに難しくする。最後までタマゴを割らずに投げ合いを続けた組が勝者となる。

メキシコでは「フェスティーベ・カスカローネ」（「お祝いのタマゴの殻」という意味）という、紙吹雪を詰めたタマゴの殻で復活祭を祝う。子供たちは、この壊れやすいタマゴの殻をお互いの頭にぶつけて願いごとをする。タマゴの殻が割れて紙吹雪が頭にかかったら、その子の願いはかなうと言われている。16～17世紀のオランダでは、居酒屋や田舎の騒々しい結婚式で「エッグダンス」が踊られた。床にチョークで描かれた円のなかに、1個のタマゴを花や野菜と一緒に置いて、踊り手はチョーク円のなかで踊る。要はタマゴを割らずに踊るのだが、しらふでも難しいのに酔ってい

メキシコの復活祭のには、紙吹雪を詰めたタマゴの殻「カスカローネ」が欠かせない。

ピーテル・アールツセン「エッグダンス」(1552年)

ればなおさら、笑いを誘う踊りとなるのだ。

7世紀のインドでは、タマゴは建築用ブロックの原材料に使われていた。マーマッラプラムにある歴史的建造物の化粧漆喰にはタマゴが使われているので、壁には通気性があり、湿気を発散させることができる。卵白に含まれるアルブミンは、凝固力の強い水溶性タンパク質であり、今日でも接着剤やニスに使われている。

フィリピンの教会でも壁を塗り固めるのに卵白が使用されていた（一方、卵黄は捨てられていた）。マニラ大聖堂のドームは1780年に、石灰、砕いたレンガ、アヒルのタマゴ、竹の樹液を何層にも塗り重ねて築かれたとの記録が残っている。何百万個ものタマゴの卵白が教会を建設するために使われたので、フィリピンの女性たちは余った卵黄を、スペインから入ってきた料理に巧みに活用した。そうした料理は今日でも人気がある。

◉イコン

中世のロシアでは、イコンを描く画家は乳化させたタマゴに顔料を混ぜ、指で練り合わせてテンペラ（卵テンペラ）を作った。タマゴを乳化させるにはまず、卵黄と卵白を分離しなければならない。手順は以下の通りだ。タマゴを割って卵黄を手のひらで受け、指のあいだから卵白を流し落とす。卵黄袋を両方の手のひら上で交互に移し替えながら、卵白で濡れた手を乾かす。卵黄袋を破り、中身を蒸留水または沸騰させた水を入れた皿に移す。卵黄と水の割合は1対2である。これに酢を

「イコン」はギリシャ語で「肖像」を意味する。木の板に卵テンペラを何層にも塗り重ねて描かれる。色に深みを出すためだ。人物は写実的ではなく、二次元的な細長いプロポーションで表現され、荘厳な雰囲気を漂わせている。

1、2滴を加えてよく混ぜてから、顔料と合わせる。水の代わりに気の抜けたビールを使うと乳化しやすい。

イコンは当初、宗教的な行列か教会内部だけで使われていた。ところが15世紀初頭以降、社会が繁栄すると、誰でもイコンを所有できるようになり、部屋の片隅やベッドの枕元に飾られた。この伝統は今でも多くの国で続いている。

現在も卵テンペラを使用した古い芸術作品を鑑賞できるのは、卵黄のおかげで顔料が現代に至るまで落剝しなかったからだ。卵テンペラ画は、古代のエジプトやギリシャに始まり、ビザンティン帝国時代（400〜1202年）末期の1世紀のあいだに完成された。その後200年間、卵テンペラ画は初期ルネサンスの芸術家たちによって隆盛を極めた。その最も有名な作品が、サンドロ・ボッティチェリが1482年に描いた『春（プリマヴェーラ）』だ。その美しさを可能にしたのがタマゴなのだ。[2] 20世紀ルーマニアの著名な彫刻家コンスタンティン・ブランクーシは、タマゴこそ「最も完璧な造形」だと言った。

●ハンプティ・ダンプティ

文学に登場するキャラクターのなかでも、その不完全さゆえに特に印象的なのが、ハンプティ・ダンプティだ。ハンプティ・ダンプティは、ルイス・キャロルが1871年のクリスマスに出版した『鏡の国のアリス』に登場する。挿絵を担当したジョン・テニエルは、簡潔で哲学的な筆致で、

"I'm afraid I can't quite remember it," Alice said very politely.

"In that case we may start fresh," said Humpty Dumpty, "and it's my turn to choose a subject——" ("He talks about it just as if it was a game!" thought Alice.) "So here's a question for you. How old did you say you were?"

ルイス・キャロルの『鏡の国のアリス』(1871年)のイラストで、擬人化して描かれているハンプティ・ダンプティ。

タマゴを擬人化した丸々とした姿でハンプティ・ダンプティを描いている。

「ハンプティ・ダンプティ」の詩は、何世紀も前からヨーロッパ各地に伝わっている。フランスでは「ブール・ブール」、スウェーデンでは「リル・トリル」と呼ばれている。「ハンプティ・ダンプティ」という言葉には、少なくともふたつの意味がある。もともとは16世紀に飲まれていた、ブランデーとエールを混ぜた酒を指す言葉だったが、17世紀になると、ぽっちゃりとして不器用な人物を指す俗語（スラング）として用いられるようになった――そう、塀から落ちてしまうような。

ハンプティ・ダンプティが塀に座った
ハンプティ・ダンプティが落っこちた
王様の馬と家来の全部がかかっても
ハンプティを元に戻せなかった

ハンプティ・ダンプティが不器用な人物だとしても、いったいなぜ「タマゴ」なのだろうか。諸説あるが、民俗学者や歴史家から最も支持されているのが、ハンプティ・ダンプティとは清教徒革命（1642～49年）の内戦時に王党派軍がコルチェスターを防衛するために使用した大砲のことである、という説だ。

大砲は「壁の聖マリア教会」の塔に設置され、片目のジャック・トンプソンという王党派軍の砲手の巧みな砲撃のおかげで11週間も議会派軍（通称、円頂党員（ラウンドヘッド））を退けたが、ついに直撃弾を受けて塔から崩れ落ちた。王党派（キャバリア）はハンプティ・ダンプティを城壁の別の場所に持ち上げようとしたが、あまりにも重く、王様の馬（騎兵隊）も王様の家来（歩兵）も設置し直すことができなかったので、戦略的に重要な都市だったコルチェスターは議会派軍によって攻め落とされてしまったという(3)。

『鏡の国のアリス』で、ハンプティはアリスに「僕が使う言葉は、僕がその言葉に込めた意味しか持たない。それ以上でも以下でもないよ」と言う。言い換えれば、ハンプティはこうも言いたかったのではないだろうか――「僕は何者か？　何であれ君が選んだ者だ。それ以上でもそれ以下でもないよ」

◉タマゴと大衆文化

タマゴは手近な武器なので、反乱時の号令として『タマゴ投げろ！』と叫ぶのもいいかもしれない。中世には、腐ったタマゴが敵対者や犯罪者に投げつけられた。18世紀のイギリスでは、宗教的・政治的に対立する相手にタマゴをぶつけるのはよくあることだった。１９１９年には、イギリスからの独立をめざす南アフリカの指導者たちに対して、怒ったイギリス人たちが「ゴッド・セイヴ・ザ・キング」を歌いながら腐ったタマゴを投げつけた。

タマゴはまた、「言葉の武器」としても使われた。アイルランドの小説家・劇作家・批評家オスカー・ワイルド（１８５４～１９００）は、その独特の機知と皮肉で知られていたが、自分の作

ビンセント・プライスは、1960年代後半に放映されたテレビドラマ『バットマン』で「エッグマン」という奇抜な姿の悪役を演じた。

品を酷評する人に対して好んで言ったのが「今まで固ゆでタマゴ（みたいな酷評）はいっぱい喰らってきたが、あんたの（批評）は20分間ゆでた卵と同じくらいまずいね」だった。

ポール・ニューマン主演の映画『暴力脱獄』（１９６７年）に登場する、ゆでタマゴ早食い競争のシーンは印象的だ。フロリダの監獄に収監されている囚人ルークは、ゆでタマゴ50個を1時間で食べる賭けをする。ルークは胃を広げるトレーニングや早食いの練習をして、見事快挙を成し遂げる（どう考えても知性は感じられない）。

知性といえば、高い知性の持ち主を評して「エッグヘッド」と言うが、これは大きな頭と高い額が賢さを感じさせるからだろう。今日でさえ、日々、新しいタマゴ神話が誕生している。１９６０年代の『バットマン』テレビドラマシリーズでは、ホラー映画スターのビンセント・プライスが「エッグヘッド」という悪役を演じた。エッグヘッドは青白いはげ頭の男で、白と黄色のスーツを着た「世界一頭のいい犯罪者」だ。エッグヘッドはタマゴをモチーフにした犯罪を企て、タマゴ（エッグ）にひっかけた駄じゃれ――「エッグ‐ザクトリー」とか「エッグ‐セレント」――を飛ばした。また、タマゴ型の笑気ガス弾や催涙ガス弾（タマネギを食べさせたニワトリが産んだという）を駆使した。

１９４９年4月、作家でディズニー・スタジオのイラストレーターのカール・バークスは『アンデス遭難 *Lost in the Andes*』という冒険漫画を出版した。ドナルド・ダックが甥っ子たちと一緒に、四角いタマゴを産むニワトリを求めて南アメリカを旅するというストーリーだ。ドナルド・ダックたちは人里離れたジャングルで四角いタマゴを産む四角いニワトリを発見し、どうにか連れて帰ろ

エディントン社のエッグキューバーでつくられた四角いタマゴ

うとする。苦労の末、疲れ果てて故郷のダックバーグに戻ってくるが、連れ帰ることのできたニワトリはわずか2羽だけ（他のニワトリは食糧にせざるを得なかったのだ）。

結局、ドナルドたちの探検は大失敗に終わった。というのも、ニワトリは2羽ともオスだったので、当然ながらタマゴを産めなかったのだ。この漫画は大人気で、当時の子供たちは尋ねたものだ――「どうしてタマゴは四角くないの？」

◉タマゴの未来形

1970年代後半、スクエア・エッグ社が「スクエア・エッグ・プレス」、SCIキュイジーヌ・インターナショナル社が「エッグ・キューブ」というゆでタマゴを四角にする型を売り出した。タマゴ本来の形を変えるということで、消費者のあいだでちょっとしたセンセーションが巻き起こった。

固ゆでタマゴを温かいうちに型に入れて蓋を閉めるだけでタマゴを四角にできるという、これらの製品のもとになったのは、日本のナカガワマサシ氏が思いついて1976年にアメリカで特許を取得した「ゆでタマゴ成形器」だ。このアイデアマンによれば、つくりたかったのは見た目の美しいゆでタマゴだった。ナイフを使ってタマゴの形を変えるのは時間のかかる面倒な作業なので、ゆでタマゴを丸ごと美しい立方体に変えられる装置なら、発明のしがいがあると考えたそうだ。

タマゴは四角（スクエア）ではないかもしれないが、1989年にインドでボンベイ広告クラブの年間優秀賞を受賞したのは、インド鶏卵調整委員会（NEC）の広告だった——「世界で一番充実（スクエア）した食べ物は?」および「エッグスペリメントを試そう（エクスペリメント＝新機軸にひっかけた造語で、「タマゴという画期的な食品」の意）」。

タマゴをモチーフにしたボードゲームもいろいろとある。「タマゴを産め」「エッグチェス」「ハッピー・エッグ」「タマゴを割るな!」といった、さまざまな名称のゲームが出回っている。最近では、タマゴはソフトウェアの世界にも登場した。「イースターエッグ」とは、ソフトウェアに隠された機能やノベルティのことで、コマンドや開発スタッフの名簿などのリスト、ちょっとしたジョークやおもしろいアニメーションなど、プログラマーが自分の楽しみのために開発したユーモア機能だ。

未来のコンセプトカー「エギー Eggy」も注目に値する。アラン・ジェラルド・フリアスが設計した、エレガントで環境に優しい、車体の後部が細くなったデザインは、タマゴの先端を思わせる。

未来のコンセプトカー「エギー」

エギーのフレームは軽いアルミニウム材で、二酸化炭素排出量もほぼゼロをめざすという。車体が軽くなって燃料効率がよくなっているうえに、再充電可能なリチウムイオン電池も搭載する計画だ。さらに、赤いLEDのテールランプ、黒っぽいフロントグラスは、運転する人にワクワクするような体験を提供してくれるだろう。

音楽ファンなら「ミュージック・エッグ」を食べたいと思うかもしれない。香港の新界にある中興ミュージカルファームのニワトリは、クラシック、ジャズ、広東ポップスなどを聞きながら飼育されている。ここで生産されるタマゴには、オンドリのトサカのような飾りのついた青いト音記号を記したステッカーが貼られている。

このファームの幸せなニワトリたちは、タマゴから孵ったその日から「年齢に合わせた」音楽を聞かされて育つと、飼育している方志雄は言う。孵って15日目までのヒナにはラブソング、16〜30日齢はテンポの速いディスコミュージックを聞かせる。30日齢に達したら、音楽飼育も臨機応変になる。

20週齢になったニワトリたちは午前中に10～12曲を聞き、昼寝の後、午後は4～6曲を楽しむ。音楽はヒナのストレスを解消して幸福感を増し、結果として黄身の大きなおいしいタマゴを産むようになると、方志雄は信じている。２００６年に音楽飼育を開始して以来、ニワトリの死亡率は50パーセントも低減したという。1日に生産される「ミュージック・エッグ」は５００～６００個で、1個当たり42香港セントで小売りされている。

訳者あとがき

タマゴってすごい！　本書『タマゴの歴史』（*Eggs: A Global History*）を読んだ皆さんの感想を集約するなら、この一言に尽きるのではないだろうか。毎日のように食べている、ありふれた食材であるタマゴが、これほど奥深い存在だったことに驚いた人は、訳者だけではないはずだ。

ニワトリのタマゴは、多種多様なタマゴのひとつにすぎない。しかも、現代のニワトリは人間が改良を重ねて生み出した種だ。先人がより質の高いタマゴを求めて努力したからこそ、我々は今日、おいしいタマゴを手軽に安価に食べることができるのだと、本書は教えてくれる。

遠い昔から、タマゴは日常的な存在であると同時に、神秘的な存在でもあった。本書には、世界各地に伝わるタマゴにまつわる神話や伝説が登場する。たとえば古事記には、本書も言及している創世神話以外にも、仁徳天皇とタマゴにまつわる逸話が記録されている。

仁徳天皇が新嘗祭（にいなめさい）のために、淀川河口の日女島（ひめしま）に赴いたところ、島では雁がタマゴを生んでいた。天皇が側近の武内宿禰（たけうちのすくね）に「これはめずらしい。大和の国で雁がタマゴを生んだ先例があっただろうか」と尋ねると、武内宿禰は「ありません。これは吉兆です」と答えて、寿（ことほ）ぎ歌を歌ったという。

なんとも長閑(のどか)で優雅な話だ

こうしたタマゴの物語性に興味のある人には、タマゴの神秘と象徴性を幻想的に描いた、夢野久作の短編『卵』がお薦めだ。電子図書館の青空文庫で公開されているので、無料で手軽に読むことができる。

人間がタマゴに美と魅力を感じるのは、本書が指摘するように、その完璧なかたちが大きな理由だろう。第4章の最後には、ファベルジェのタマゴという美麗なおもちゃが登場するが、我々日本人読者の中には、その贅沢さにため息をつきながらも、日本生まれの庶民のおもちゃ「たまごっち」を思い出した人がいるはずだ。1996年に発売された初代「たまごっち」は、国内外で4000万個を売り上げる大ヒットとなったが、あっという間にブームは去り、大量の在庫が残ったという。おもちゃのタマゴも〝腐る〟のだ。しかし、さすがはタマゴ、しぶとく人気を盛り返して、現在も新鮮な「たまごっち」が誕生し続けている。

新鮮でおいしいタマゴにも、思いがけない落とし穴がある。「サルモネラ菌による食中毒を予防するためにも、生タマゴには注意すべきだ」と、本書は厳しく指摘するが、タマゴかけご飯が大好きな日本人には、ちょっと受け入れがたいアドバイスだろう。実際、日本で生産されているタマゴは生食を前提として徹底的に洗浄消毒されているので、冷蔵庫に保管して賞味期限以内に食べる限り、食中毒のリスクは極めて低い。それでも毎年、タマゴを感染源とする食中毒が発生しているのも事実なのだ。注意を怠ってはならない。

ちなみに、人間は生タマゴを食べることはできるが、イヌやネコはだめだという。生タマゴに含まれるアビジンが、イヌやネコの下痢の原因になるからだ。でも、加熱すれば大丈夫。飼い主はタマゴかけご飯で簡単に済ませても、愛するペットのためにはひと手間かけて、半熟タマゴやゆでタマゴを食べさせよう。

タマゴかけご飯、ゆで卵と、簡便なタマゴ料理がある一方で、凝りに凝ったタマゴ料理もあることを、巻末のレシピ集は教えてくれる。なかでも、エスコフィエのウフ・ブルイユ（スクランブルエッグ）は、家庭料理とプロの料理の違いを痛感する一品だ。ホテルの朝食に出てくる、あのトロトロのスクランブルエッグはこうして作られるのかと、感嘆させられる。読者の皆さんにも、ぜひ、お気に入りのレシピに挑戦していただきたい。

レシピ集に掲載された料理の多彩さからも分かるように、本書の著者ダイアン・トゥープスは、長年「フード・プロセシング」誌に勤務し、ジャーナリストとして受賞歴もある、優れたフード・ライターだ。だが残念ながら、著者は短い闘病生活の末、２０１２年に他界された。本書は著者の最初にして最後の著作となった。

本書はイギリスの Reaktion Books が刊行している The Edible Series の1冊であり、同シリーズは２０１０年、料理とワインに関する良書を選定するアンドレ・シモン賞の特別賞を受賞している。そうした栄誉あるシリーズの執筆者に選ばれたことからも、著者がどれほど優れたジャーナリストだったかがわかるだろう。本来なら、本書を皮切りに数々の名著をものにできたはずの人物だった。

しかし、著者の最初にして最後の著作が『タマゴの歴史』であったことは、不幸中の幸いだと思う。文化圏を異にする、面識のない人間が不遜なことを言うようだが、タマゴという究極の食をテーマにできたことに、著者は大いなる達成感を抱かれたのではないか。この拙いあとがきを通じて、読者の皆さんとともに「私たち日本人もタマゴをとても愛していますよ」と天国の著者に伝えることで、ご冥福をお祈り申し上げたい。

そして、こうしてあとがきを書けるのも、原書房編集部の中村剛さん、株式会社リベルの皆さんのおかげである。あらためて御礼申し上げる。

2014年8月

村上　彩

写真ならびに図版への謝辞

著者と出版社より，図版の提供と掲載を許可してくれた関係者にお礼を申し上げる。

© The Trustees of the British Museum, London: p. 149; Corbis: p. 128 (Lucy Nicholson/Reuters); Dreamstime: pp. 27 (Vasiliy Vishnevskiy), 59 (Akinshin), 82 (Tanyae), 138 (Photowitch); Evan-Amos: p. 103; A. Gerado: p. 158; Ischal: p. 54; iStockphoto: pp. 88 (violettenlandungoy), 98 (craftvision), 100 (LeeAnn White), 141 (stirling_photo); Komnualtså: p. 37; Library of Congress, Washington, DC: pp. 123; Lusifi: p. 147上; National Archives, Washington, DC: pp. 13, 74; National Gallery of Art, Washington, DC: p. 24; National Library of Medicine, Bethseda: p. 8; Isabelle Palatin: p. 9; Pengrin: p. 132上; Raul654: p. 35; Rex Features: pp. 105 (Sipa Press), 154 (c/20th Century Fox/Everett); Shutterstock: pp. 6 (Miguel Garcia Saavedra), 11 (Rob Byron), 16 (Sea Wave), 30 (gururugu), 43 (Stubblefield Photography), 48 (margouillat photo), 72 (Lesya Dolyuk), 83 (tommasolizzui), 85 (Lilyana Vynogradova), 107上 (Shevchenko Nataliya), 110 (apple2499), 120上 (nikkytok), 131 (KobchaiMa), 132下 (jreika); stu_spivack: p. 79; Thinkstock: p. 120下 (iStockphoto); UK College of Agriculture, Food and Envionment: p. 114; United States Patent and Trademark Office: p. 97; V&A Museum, London: p. 67; Walters Art Museum, Baltimore: p. 107下; The White House: p. 144 (Pete Souza).

参考文献

Andrews, Tamra, *Nectar and Ambrosia: An Encyclopedia of Food in World Mythology* (Santa Barbara, CA, 2000)

Derbyshire, David, 'Poisoned Food in Shops for Three Weeks: Supermarkets Clear Shelves of Cakes and Quiches Containing Contaminated Eggs from Germany', *Daily Mail* (8 January 2011)

Dias, Elizabeth, 'A Brief History of Eggnog', *Time* (21 December 2011)

Flandrin, Jean-Louis, and Massimo Montanari, eds, *Food: A Culinary History*, trans. Albert Sonnenfield (New York, 1999)（J-L・フランドラン，M・モンタナーリ編『食の歴史』宮原信ほか訳，藤原書店，2006年）

Leake, Christopher, 'EU to Ban Selling Eggs by the Dozen: Shopkeepers' Fury as They are Told All Food Must Be Weighed and Sold by the Kilo', *Daily Mail* (15 August 2012).

Levy, Glen, 'Did Lady Gaga Really Stay Inside the Egg for 72 Hours?', *Time* (16 February 2011)

Jull, M. A., 'The Races of Domestic Fowl', *National Geographic* (April 1927)

Katz, Solomon H., and William Ways Weaver, eds, *Encyclopedia of Food and Culture*, vol. 1 (New York, 2003)

Melish, John, *Travels in the United States of America in the Years 1806 & 1807, and 1809, 1810 & 1811* (Philadelphia, PA, 1812)

Pinkard, Susan, *A Revolution in Taste: The Rise of French Cuisine, 1650-1800* (New York, 2009)

Smith, Andrew F., ed., *The Oxford Companion to American Food and Drink* (New York, 2007)

Trager, James, *The Food Chronology* (New York, 1995)

Wilson, Anne, *Food and Drink in Britain: From the Stone Age to the 19th Century* (Chicago, IL, 1991)

Yalung, Brian, 'Eggy Egg-Shaped Concept Car', *TFTS* (4 June 2010)

卵黄…約80g
柔らかくした無塩バター…770g

1. 水に砂糖とブドウ糖を加えて118℃まで加熱する。
2. スタンドミキサーを使って，全卵と卵黄を軽くなるまで泡立てる。
3. 2に1の熱水をゆっくりと注ぐ。
4. 冷ました3に，バターを少しずつ加える。
5. バターをすべて混ぜ終えたら，好みの香料や食品用着色剤を加える。

卵黄…３個分
レモン…２個分のしぼり汁（もっと多くてもよい）
塩，コショウ…適宜

1. ソースパンでチキンストックを熱し，オルゾーを入れて蓋をし，約20分間とろ火で煮る。
2. 全卵と卵黄を軽くなるまで攪拌してから，レモンのしぼり汁を徐々に加える。
3. １のチキンストックを450 *ml* 取り分け，これを大さじ１杯ずつ２に加えながら，凝固しないように絶えず攪拌する。
4. ３を残りのチキンストックに加え，塩コショウで味を調える。
5. すぐさま食卓に出す。

……………………………………………

◉フレンチ・マカロン

「スクール・オブ・ペストリー・デザイン」（ラスベガス）を主宰するクリス・ハンマーの好意により掲載。ハンマーは2004年，アメリカ人としては最年少でワールド・ペストリー・チャンピオンになった。

アーモンドパウダー… 300 *g*
粉砂糖… 300 *g*
食品着色剤
卵白（１回目）… 110 *g*
グラニュー糖… 300 *g*
水… 75 *ml*
卵白（２回目）… 110 *g*

1. オーブンを150℃に予熱する。
2. アーモンドパウダーと粉砂糖を一緒にふるいにかける。
3. １回目分の卵白に食品着色剤を入れて混ぜ合わせる。
4. ２と３を合わせ，ペースト状になるまでかき混ぜる。
5. 水とグラニュー糖を合わせて沸騰させ，118℃になるまで熱する。
6. 115℃になった時点で，２回目分の卵白を中程度の速度で，柔らかな角が立つまで泡立てておく。
7. ５が118℃に達したら，６に加える。
8. ７をかき混ぜて50℃まで冷めたら，４に入れて軽く混ぜ合わせる。
9. 丸口金を付けたしぼり袋に８を入れて，シリコンでできたベーキングマット上に直径25ミリ程度に丸くしぼり出す。
10. ９の上にふきんを掛けてから，生地が平らになるようにトレーで軽くたたく。
11. 少なくとも30分間おいて，生地の表面に殻を作る。
12. 10～12分間焼く。

……………………………………………

◉フィリング用のフレンチバタークリーム

グラニュー糖… 450 *g*
グルコース（ブドウ糖）… 130 *g*
水… 85 *ml*
全卵…約130 *g*

固まりがあれば，ペーパータオルで取り除く。
13. カスタードの表面全体に，デメララシュガーを均一に散らす。
14. ガスバーナーに火をつけ，前後に動かしながら，デメララシュガーがカラメル状になるまで焼く。
15. カラメルが固まるまで休ませる。

………………………………………

◉ジュリア・チャイルドのオランデーズソース

料理番組『ジュリアとジャックの家庭料理』で紹介されたレシピ。

（出来上がり分量 350 *ml*）
卵黄… 3 個分
水…大さじ 1
しぼりたてのレモン汁（必要に応じて）…大さじ 1（もっと多くてもよい）
とても柔らかくした無塩バター… 170 ～ 225*g*
好みに応じて，塩，挽き立ての白コショウ
カイエンペッパー…少々

1. ソースパンに卵黄，水，レモンのしぼり汁を入れて，とろみが出て色が薄くなるまで，かき混ぜる（次のステップのためにこのひと手間が大切）。
2. ソースパンを弱火にかけ，鍋底からこそげるように，適度な速度で鍋全体をかき回し続ける（鍋底のタマゴが熱くなりすぎないように気をつける）。
3. 温度を調節するために，数秒間，鍋を火からおろし，ふたたび火にかけることを何度も繰り返す。タマゴに火が通るのが早すぎるようなら，冷水を張ったボウルにソースパンをつけて，いったん鍋底を冷やしてからまた同じ作業を続ける。時間がたつにつれて，タマゴは泡立ってボリューム感を増し，粘度が出てくる。
4. タマゴがとろりとして，混ぜると鍋底が見えるようになってきたら火から下ろす。
5. 4 に柔らかくしたバターをひとさじずつ加え，馴染ませていく。
6. 乳化が進んだら，加えるバターの量を少しずつ増やしてもよいが，バターが完全に吸収されてから次のバターを加えるのがポイント。
7. ソースが好みの濃度になるまで，バターを加え続ける。
8. 塩，コショウ，カイエンペッパーで軽く味を付ける。
9. 味見をして味を調え，必要に応じてレモンのしぼり汁を数滴加える。
10. 冷めないうちに供する。

………………………………………

◉エッグ・レモンスープ（ギリシャのアヴゴレモノ）

（6 人分）
チキンストック… 1½ リットル
オルゾー（米に似た形の小さいパスタ）… 310 *g*
タマゴ… 1 個

加える。
9. 卵白にクリームターターを加え，角が立つまで泡立てる。
10. 卵白（メレンゲ）を3回に分けて生地に加える（完全に混ざり合わなくてもよい）。
11. 生地をスフレ皿に入れ，表面にチーズを振る。
12. スフレ皿をオーブンに入れたら，すぐに温度を190℃まで下げる。
13. 25分間焼く。
14. モルネーソースを添えて，熱いうちに食べる。

【モルネーソース】
バター…大さじ1
小麦粉…大さじ1
牛乳…240 *ml*
おろしたスイスチーズ…大さじ3
パルメザンチーズ…大さじ1
ディジョン・マスタード…小さじ1
好みで，きざんだトマト…大さじ1

1. スフレと同じようにルーを作る。とろみがついたら，チーズとマスタードを加える（色味が欲しければ，きざんだトマトを加える）。

…………………………………………

◉クレーム・ブリュレ
サヴール誌（148号）。

（6皿分）
ヘビークリーム（乳脂肪分36～40％）またはダブルクリーム（乳脂肪分48％）…1リットル
バニラ…1本（縦半分に割って種を取り出す。種は捨てずに取っておく）
砂糖…150 *g*
卵黄…8個分
デメララシュガー* もしくは中白糖…仕上げ用，適宜
* ザラメより細かくグラニュー糖より粗い，茶色で半透明の砂糖

1. オーブンを150℃に予熱する。
2. クリームとバニラ（種も一緒に）を容量2リットルのソースパンに入れ，沸騰寸前まで中火で熱する。
3. 火から下ろして30分間冷まし，バニラビーンズを取り除く。
4. ボウルに砂糖と卵黄を入れ，なめらかになるまで混ぜる。
5. 3に4の卵黄をゆっくりと注ぎ，なめらかになるまで混ぜる。
6. 25×35 *cm*の焼き型の底にペーパータオルを敷き，そこに170 *g*のラメキン（丸型の容器）6個を置く。
7. 生地を各ラメキンに分け入れる。
8. 焼き型に沸騰した湯を注ぐ（ラメキンの半分の高さまで）。
9. ラメキンのなかのカスタード生地が，外側は固まって中央は柔らかい状態になるまで，35分間ほど焼く。
10. ラメキンを金網台に移して冷ます。
11. 冷蔵庫に移して，固まるまで少なくとも4時間は冷やす。
12. 各ラメキンのカスタードの表面に

3. 大きなボウルにバター，砂糖，バニラエッセンスを入れ，なめらかになるまでかき混ぜる。
4. タマゴをかき混ぜ，3に加える。
5. 3に2の小麦粉を少しずつ加える。
6. チョコチップとナッツを加える。
7. 生地を大さじ1杯ずつ，油を引いていない天板に丸く落とす。
8. 9～11分間焼く。

……………………………………………

●大ぼら吹きのスフレ（野菜のスフレ）

ジュディス・ダンバー・ハインズ（シカゴ市文化部料理イベント担当ディレクター）のレシピ。

スフレはフランス語で「膨らんでいる」の意。この料理ではタマゴを1個ずつ順番に加えることで空気を含ませ，膨らみやすくしている。

スフレというと，家庭で作るには難しいと思われがちだ。オーブンを開けたら，スクランブルエッグがひっくり返ったような，ぺちゃんこの失敗作ができていたらどうしようと，ディナーパーティーのあいだじゅう，不安で仕方なかった人もいるだろう。スフレはプロの料理人しか作れないという神話がまかり通っているが，実はちょっとしたコツさえわかれば誰にでもつくれる。

まず，タマゴは新鮮なものではなく日数の経ったものを選ぶ（そのほうが泡立てやすい）。材料を混ぜ合わせるときは，軽いものを重いものに，3分の1ずつ3回に分けて加える。ボウルの縁から内側に向かってそっとすくうように混ぜていき，真んなかまでいったら材料を返すように混ぜる。

オーブンの開け閉めは一回だけ，しかも素早くする。大切なのはルー（バターと小麦粉を混ぜ合わせたもの）の加熱具合だ。穀物が焼ける香りがするまで加熱すること。そうすれば完璧なスフレが出来上がる。

（スフレ6～8皿分）
ゆでた野菜（ブロッコリー，ズッキーニ，アスパラガス，ニンジン，トマト，ロメイン・レタス，トマト，カリフラワーなど）…1カップ
バター…大さじ3
小麦粉…大さじ4
牛乳…240 *ml*
卵黄…6個分
塩，コショウ，ナツメグ…適宜
卵白…8個分
クリームターター…小さじ1/8
スイスチーズ…90 *g*
パルメザンチーズ…30 *g*

1. オーブンを200℃に予熱する。
2. スフレ皿にバターを塗り，パルメザンチーズを散らす。
3. アルミ箔を，皿の深さの1.5倍くらいの高さになるように皿の外側に巻きつけ，ひもでしばる。
4. 野菜をゆでて水気を切り，さいの目に切る。
5. ルーを作る。低温で溶かしたバターに小麦粉を混ぜ入れ，少し焦げた香りが立つまで加熱する。
6. 5に牛乳を加え，常にかきまぜながらとろみがつくまで中火で熱する。
7. 冷めたら卵黄を1個ずつ加え，そのたびごとに混ぜる。
8. 野菜，チーズ，香辛料，ナツメグを

…60 g
好みで，クロテッドクリーム（乳脂肪分55～60%の濃厚なクリーム），ジャム

1．オーブンを230℃に予熱する。
2．小麦粉とベーキングパウダーを一緒にふるいにかける。
3．バターを切るように混ぜる。
4．タマゴと牛乳を加え，柔らかく均一な生地を作る。
5．砂糖と果物を混ぜ，生地を1 cmの厚さに延ばす。
6．丸く型抜きして，油を塗った天板に並べる。
7．表面に溶きタマゴまたは牛乳をはけで塗る。
8．15分間焼いて，冷ます。
9．バター，クロテッドクリーム，ジャムを添えて食卓に運ぶ。

◉ワッフル

1912年，アメリカでジュリエット・ゴードン・ローがガールスカウトを創設した。このワッフルはジュリエットの秘伝のレシピで，電気式のワッフル焼き器を使って焼く。ジュリエットにレシピを教えたのは，ジュリエットの姪で最初のガールスカウト登録者であるデイジー・ゴードン・ローレンスだった。

（ワッフル8個分）
小麦粉…250 g
砂糖…小さじ1
塩…小さじ1
牛乳…480 ml
サラダ油…60 ml
タマゴ…3個
ベーキングパウダー…小さじ山盛り3

1．小麦粉，砂糖，塩を一緒にふるいにかけてから牛乳と合わせて，なめらかになるまでかき混ぜる。
2．サラダ油とよく泡立てたタマゴを加える。
3．ベーキングパウダーを加える。
4．予熱しておいたワッフル焼き器に，はけで溶かしバターを塗る。
5．生地を流し込み，両面をこんがり焼いて熱いうちに供する。

◉ネスレ・トールハウス・クッキー

（約7 cmのクッキー60枚分）
中力粉…270 g
重曹…小さじ1
塩…小さじ1
柔らかくしたバター…225 g
砂糖…50 g
ブラウンシュガー…45 g
バニラエッセンス…小さじ1
タマゴ…2個
ネスレ・トールハウス・セミスイート・チョコチップまたは別のチョコチップ…340 g
きざんだナッツ…120 g

1．オーブンを190℃に予熱する。
2．小さなボウルに小麦粉，重曹，塩を合わせておく。

…240 ml
ブランデー…240 ml
シナモンまたはナツメグ…飾り用に少々
好みでバター少々

1. 卵黄，ハチミツ，砂糖を泡立て器で混ぜ，バニラエッセンスを加える。
2. 温かい牛乳とクリームを合わせたものに，1をゆっくりと注ぐ。
3. ブランデーを加える。
4. ストーブにかけて熱してから，あらかじめ温めておいたマグカップに注ぐ。
5. シナモンまたはナツメグを振り，好みでバターを少々加える。

………………………………………………

◉メアリーママのポテトサラダ

ジャガイモ…3個
タマゴ…4個
タマネギ…小1個
塩…小さじ1
ミラクルホイップ（クラフト社製の軽めのマヨネーズ）…½本
または
ハインツ・サラダ・クリーム…425 g
マスタード…小さじ1
ピクルス…小さじ1
生クリーム（乳脂肪分30%）…115 g

1. ジャガイモは皮つきのまま，弱火で柔らかくなるまでゆでる。
2. 同時にタマゴを固ゆでし，タマゴもジャガイモも冷ます。
3. ジャガイモの皮をむき，小さく切る。
4. タマネギの皮をむき，小さく切ってジャガイモと混ぜる。
5. タマゴをきざんで4と混ぜる。
6. 塩を加える。
7. 別のボウルにミラクルホイップ，マスタード，ピクルス，生クリームを加えてドレッシングを作る。
8. ドレッシングをかけ，冷蔵庫で1時間冷やしてから供する。

………………………………………………

◉マーシャル・フィールズのリッチスコーン

19世紀から20世紀に移り変わろうとしている頃，イリノイ州シカゴのデパート「マーシャル・フィールズ」には，ウェストを締め上げたドレスを着て，絵から抜け出たような帽子をかぶった客たちが，ショッピングを終えてくつろいだり，友人と待ち合わせたりするためのティールームがあった。そして1986年，このティールームで，ロンドンのハイアット・カールトン・タワーのハイ・ティーをモデルにした「マーシャル・フィールズ伝統の3時のお茶」が出されるようになった。ペストリーとスコーンを監修したのは，ハイアット・カールトン・タワーの高名なシェフ・パティシエ，ロバート・メイだった。

小麦粉…225 g
ベーキングパウダー…15 g
バター…60 g
タマゴ…1個
牛乳…120 ml
上白糖…60 g
スグリもしくはサルタナ（種なし白ブドウ）

酢…少量
砂糖…少量
パプリカ…少量

1. 12個の固ゆでしたタマゴを縦半分，もしくは横半分に切り，取り出した黄身をフォークでつぶす。
2. 1の黄身に，マヨネーズ，イエローマスタード，ガーリックソルト，好みに応じてタマネギまたはエシャロット，酢，砂糖を加える。
3. 2を白身に詰めて，パプリカを振る

味の実験をしてみたい人は，以下の材料をきざんで混ぜたものをフィリングにしてみるといい――ベーコン，チーズ，コンビーフ，キュウリ，クミン，ディルまたはタラゴン，ロブスターのほぐし身，ピーナツ，ピクルス，松の実，ラディッシュ，クレソン，バーベキューソース，ブルーチーズ，チポトレ［メキシコの辛子香辛料］，カレー粉，クリームチーズ，サワークリーム，クレーム・フレッシュ［乳酸菌で醱酵させた生クリーム］，日本風のだしの素，フレンチ・オニオン・ディップ，ワカモレ［メキシコ料理で用いられるアボカドのディップ］，ホムス［裏ごししたエジプト豆を調味した中東風ディップ］，レモンまたはライムの皮，ペストウ［バジリコ・ニンニク・チーズ・オリーブ油などで作るソース］，サルサ，トリュフオイル，ワサビ，ウースターソース，タバスコ。

飾りとしては，エビ，アルファルファ，スプラウト，アンチョビ，ケーパー，キャビア，コルニッションまたはガーキン［小キュウリ］のピクルス，ジャルディニエラ［イタリア風野菜のピクルス］，マイクログリーン［野菜の新芽］，海苔，オリーブ，スモークサーモン，スモークパプリカ，トリュフ，ズィアタル［中東のハーブ］，スマック［中東の香辛料］など。

◉ホッペルポッペル

ドイツ，ベルリンの名物料理で，残り物を上手に使った朝食メニュー。ベーコンや肉などを細く切り，卵，ジャガイモ，タマネギと香辛料と混ぜ合わせる。簡単につくれて，しかもおいしい。

ベルリン在住のジリアン・ベス・スタモス・カシュケによれば,「ホッペルポッペル」という名称は「ポトキーカー（鍋をのぞき込む人）」という古い童謡に由来するという。子供が「ママ，ママ，お鍋のなかには何があるの？」と尋ねると,母親は「ホッペル，ポッペル，アップルライス，でももうないわよ，うるさい子ね」とぶっきらぼうに答える,という歌だそうだ。また，のどの痛みを和らげる効果があるというエッグノックもホッペルポッペルと呼ばれている。以下に，エッグノックのつくり方を紹介する。

（6人分）
卵黄…4個分
ハチミツ…120 *ml*
砂糖…100 *g*
バニラエッセンス…小さじ1
温めた牛乳…700 *ml*
ライトクリーム（脂肪分の少ないクリーム）

◉オムレット・ペイザンヌ

The New York Times 60-Minute Gourmet の著者で料理人のピエール・フラニーによれば，フランスには「ア・ラ・フランセーザ」（丸めるように楕円形に焼いたもの）と「ア・ラ・エスパノーラ」（平らに焼いたもの）という２種類のオムレツがある。

（４人分）
ジャガイモ… 350 g
ピーナツ…大さじ３
植物油もしくはコーンオイル…適宜
塩および挽き立てのコショウ…好みに合わせて適宜
半分に切ってから薄切りにしたタマネギ… 80 g
焼いてから１cm 角に切ったハム… 300g
バター…小さじ４
タマゴ… 10 個
みじん切りにしたパセリ…大さじ１
みじん切りにしたタラゴン…小さじ１
みじん切りにしたチャイブ…小さじ２

1. ジャガイモの皮をむいて，できるだけ薄くスライスする。スライスしたジャガイモは変色を防ぐために冷水に浸してからざるにあげ，ペーパータオルなどで押さえて水気を切る。
2. フライパンを火にかけて油を加える。フライパンが十分に熱くなってからジャガイモを入れ，形が崩れないように気を付けながら，くっつかないように 10 分間，焼き色が付くまで炒めて塩コショウを振る。
3. ２にタマネギを加え，さらに１分間炒める。
4. ３にハムを加え，小さじ３杯分のバターを散らす。
5. 均等に火が通るように，フライパンをゆすって材料を返しながら焼く。
6. タマゴを泡立て器でよく混ぜ，塩，コショウ，ハーブ類を加える。
7. ６をハムとジャガイモにかけ回す。タマゴがフライパンの底までとどくように，静かにかき回す。
8. 高温で焼く。
9. オムレツの端を持ち上げて残りのバターをオムレツの下に流し込む。
10. フライパンをゆすってオムレツがフライパンにくっつかないようにする。
11. 大きめの皿をフライパンにかぶせ，素早く上下を返してオムレツを皿に移す。
12. 焼き立てを供するのが最も望ましいが，室温まで冷めてもおいしく食べられる。

◉デビルエッグ――「悪魔が私にそうさせた」

昔ながらのデビルエッグのつくり方。シンプルだがおいしい。

タマゴ… 12 個
マヨネーズ… 120 ml
イエローマスタード…小さじ２
ガーリックソルト…小さじ２
タマネギまたはエシャロット…小さじ２

3. 攪拌するスピードを上げて，ホイップクリームに泡立て器の跡が残るくらいまで固く泡立てる。
4. ケーキの上面と側面にフィリングをそっと添える。
5. チョコレートを削り，ケーキに飾り付ける。
6. 10等分して供する。

◉マヨネーズ

クリフォード・ライトの好意により転載。
www.cliffordawright.com

（出来上がりの分量500 *ml*分）
エキストラ・バージン・オリーブ・オイル…170 *ml*
植物油…170 *ml*
タマゴ…大1個
しぼりたてのレモン汁または上質の白ワインヴィネガー…大さじ1
塩（粒子の細かいもの）…小さじ$\frac{1}{2}$
細かく挽いた白コショウ…小さじ$\frac{1}{2}$

1. オリーブオイルと植物油を混ぜ合わせる。
2. タマゴをフードプロセッサーに30秒間かける。
3. 合わせた油を少しずつ，約6分かけてフードプロセッサーに注ぐ。
4. レモン汁またはヴィネガーを加えて，フードプロセッサーを30秒間回す。
5. 塩とコショウを加え，フードプロセッサーを30秒間回す。
6. 冷蔵庫で1時間冷やす。

◉パウンドケーキ

バター…450 *g*
砂糖…450 *g*
タマゴ…10個分（卵黄，卵白に分ける）
小麦粉…450 *g*（ふるいにかける）
ベーキングパウダー…小さじ1
アーモンドエッセンス，バニラ，その他の香料

1. オーブンをあらかじめ160℃に予熱する。
2. バターをなめらかになるまで練る。
3. 2に少しずつ砂糖を加えながら，ふんわりするまで泡立てる。
4. 卵黄をとろみが出てレモン色になるまで泡立てる。
5. 3と4を合わせて，ふんわりするまで泡立てる。
6. 小麦粉とベーキングパウダーを一緒にふるいにかける。
7. 卵白を固く泡立てる。
8. 6と7を少しずつ混ぜながら，なめらかで軽くなるまで泡立てる。
9. 5と8を合わせてから，好みの香料を加える。
10. バターを塗って小麦粉をはたいたローフパン（20×20×8*cm*）をふたつ用意し，生地を入れてオーブンで1時間30分～1時間45分焼く。

1. タマゴ6個に塩を多めにひとつまみと，コショウを少々加えて適度にかき混ぜる。
2. ソースパンを中火にかけてバター（30g）を溶かし，1を流し込む。
3. 木のへらでかき混ぜながら，じっくりと火を通す（火が強すぎると卵がすぐに凝固して塊ができてしまうので火加減に気をつける）。
4. タマゴが完全に固まる直前（とろけるようななめらかさを保っている状態）でソースパンを火から下ろす。
5. バター（45g）とクリームを添え，好みでかき混ぜる。

………………………………………………

◉チョコレート・スフレ（ムースケーキ）

シカゴのレストラン「イーナ」のオーナーシェフで，「朝食の女王」と呼ばれたイーナ・ピンクニーの好意により掲載。

【ケーキ】
タマゴ（大）…9個（卵黄と卵白を分けておく）
粉砂糖…200g
ココアパウダー…50g（砂糖の入っていないもの）
バニラエッセンス…小さじ1
クリームターター…小さじ½

1. オーブンを175℃に予熱する。
2. 卵黄と粉砂糖とココアパウダーをボウルに入れて，粘り気と光沢が出るまで泡立て器で混ぜる。
3. 2にバニラエッセンスを加える。
4. 別のボウルと泡立て器を使って，卵白の縁に大きな泡が生じるまで泡立てる。
5. クリームターターを加えてから，泡立てるスピードを増して粘り気と光沢が出るまでかき混ぜる（ボウルを傾けてみて卵白がすべるようなら，もう少し泡立てる必要がある）。
6. スプーン山盛り1杯の卵白をチョコレート生地に加え，卵白が生地全体と馴染むようにそっと混ぜて生地を軽くする。
7. クッキングシートを敷いた直径23cmの焼き型に生地を注ぎ入れ，175℃に熱したオーブンで35～40分間焼く。
8. オーブンから取り出し，金網台に乗せて冷やす（冷えるにしたがって中央がくぼんでくる）。
9. 完全に冷えたら，金属のへらを使って慎重に型から外す。

【フィリング】
冷やしたホイップクリーム…1リットル
粉砂糖…100g
ココアパウダー…25g（砂糖の入っていないもの）

1. ボウルと泡立て器をあらかじめよく冷やしておく。
2. すべての材料をゆっくりと混ぜ合わせる。

助組織所属のフローレンス・エックハルトのレシピ（1897年）。

卵白…10個分
グラニュー糖…1 1/2 タンブラー*
小麦粉…1タンブラー
クリームターター…小さじ山盛り1
塩…ひとつまみ
アーモンドエッセンス
* タンブラーとは平底のガラス容器のことで，容量にはかなり幅がある。1タンブラーは180 *ml*（6オンス）～300 *ml*（10オンス）程度。

1. 小麦粉を2回ふるいにかける。
2. 卵白半量とグラニュー糖半量を合わせ，泡立て器で光沢が出るまでよく混ぜる。
3. 残りの卵白とグラニュー糖を加え，ふたたび泡立て器でよく混ぜる。
4. 小麦粉とクリームターターを加えて軽くかき混ぜる。
5. アーモンドエッセンスを加える。
6. オーブン（弱火）で1時間焼く。

◉リッチケーキ

アミーリア・シモンズ著 *American Cookery*（アメリカ初の料理書，1796年）より。

バター…900 *g*
小麦粉…2.3 *kg*
タマゴ…15個
エンプティン*…約500 *ml*
ワイン…500 *ml*
干しブドウ…1.1 *kg*
ブランデーまたはローズウォーター…120 *ml*
角砂糖…1.1 *kg*
シナモン…30 *g*
* ホップとビールまたはリンゴ酒の澱（おり）を混ぜたもの。イギリスのエール・イーストに相当する。

1. 小麦粉にバターを練り込むようによく混ぜる。
2. 1にタマゴ15個，エンプティン，ワインを加えて混ぜる。
3. 2の生地をビスケットのように固く練り上げ，覆いをして一晩寝かせて醗酵させる。
4. 干しブドウを一晩（新しくて柔らかいものなら朝に30分ほど），ブランデーに浸しておく。
5. 生地に4の干しブドウ，ローズウォーター，角砂糖，シナモンを加えてよく練り，ローフ型に整えて焼く。

◉ウフ・ブルイユ（スクランブルエッグ）

The Escoffier Cook Book（1941年に編纂された *Guide Culinaire* のアメリカ版）より。

タマゴ…6個
バター（1回目）…30 *g*
バター（2回目）…45 *g*
塩，コショウ…適量
クリーム…小さじ3

ス，ローズウォーター…各少量

1. タマゴ24個を固ゆでにして，黄身を取り出す。
2. 1の黄身を細かく切り，スエット，リンゴ，スグリの実，砂糖，香辛料，キャラウェイシード，オレンジピール，ベルジュース，ローズウォーターと合わせる。
3. 2を型に詰め，弱火で焼く。

………………………………………………

◉バター風味のタマゴ（マーサ・ワシントン風）

アンチョビ…2切れ
タマゴ…6個
仔ヒツジのグレービー…120 *ml*
塩…小さじ$\frac{1}{4}$
挽き立ての黒コショウ
バター…大さじ山盛り1
ナツメグパウダー

1. アンチョビをフォークでつぶし，グレービーに加える。
2. タマゴを銀のフォークで軽くかき混ぜ，1と塩，コショウを加える。
3. フライパンにバターを溶かし，2を流し入れる。
4. 弱火にかけて，かきまぜる。
5. 温めておいた皿に4を盛り，ナツメグパウダーを振る。

………………………………………………

◉ロスチャイルド風スフレ

マリー・アントナン・カレーム。
1829年，当時フランス随一の大金持ちだったジェームズとベティのロスチャイルド夫妻のために考案されたレシピ。ダンツィガー・ゴルトヴァッサーは金箔入りのリキュール。

砂糖漬けにした果物…約140 *g*
ダンツィガー・ゴルトヴァッサー…小さじ7杯
粉砂糖…約200 *g*
全卵…2個
卵黄…4個分
卵白…6個分
小麦粉…約85 *g*
沸騰させた牛乳…グラス2杯

1. 砂糖漬けにした果物をダンツィガー・ゴルトヴァッサーに浸す。
2. 粉砂糖，卵黄，小麦粉，沸騰させた牛乳を混ぜる。
3. 2を沸騰寸前まで熱した後，火から下ろして全卵2個を加える。
4. さらに1を加え，固く泡立てた卵白6個と合わせる。
5. 砂糖をまぶしたスフレ皿か，紙を下に敷いたクルースタードに上記の生地を流し込んで25分間焼く。
6. 食卓に供する5分前に粉砂糖（分量外）を振りかける。

………………………………………………

◉エンジェルケーキ

オハイオ州マリオンの第一長老教会・婦人互

レシピ集

◉リブム

大カトーの *On Agriculture*（*The Classical Cookbook* 所収）より。アンドリュー・ダルビー，サリー・グレーンジャー（1996年）。

古代ローマ時代初期に家の守り神への捧げものとしてつくられたチーズケーキ。このレシピは古代ローマの執政官大カトーの『農業論』に掲載されている（同書には農民向けの簡素なレシピも含まれている）。リブムは焼いてすぐに熱いまま食べられることもあった。

チーズ…約900*g*
強力粉…約450*g*
タマゴ…1個

1. チーズをすり鉢で十分に砕く。
2. 1に強力粉を加える（食感を軽くしたいなら半量でよい）。
3. タマゴを加えて全体をよく混ぜ合わせる。
4. 3をひとかたまりにまとめたものを葉っぱの上に載せる。
5. レンガを強火で熱し，その上に4を置き，時間をかけてゆっくりと焼く。

……………………………………………

◉カスタード

A Propre New booke of Cokery（ロンドン，1545年）より。

卵黄…5個ないし6個
クリーム…約1リットル
砂糖，小さめのレーズン，スライスしたデーツ，バター，牛脂…適宜

1. 型をあらかじめオーブンで熱しておく。
2. 卵黄をよく混ぜる。
3. 2にクリームを加える。
4. 3に砂糖，小さめのレーズン，スライスしたデーツを加える。
5. バターまたは牛脂を塗った型に流し入れる（ただし魚の日［金曜日］には牛脂の使用を避ける）。

……………………………………………

◉タマゴパイ（タマゴのミンスパイ）

The Accomplish'd Lady's Delight in Preserving, Physick, Beautifying,and Cookery（ロンドン，1675年）より

タマゴ…2ダース（24個）
牛のスエット（牛の腎臓と腰の周りの固い脂肪組織）…固ゆでタマゴの黄身2ダース分に相当する量
リンゴ…約225*g*
よく洗って乾かしたスグリの実…約450*g*
砂糖…約225*g*
砕いた香辛料，キャラウェイシード，砂糖漬けにしたオレンジピール，ベルジュー

第4章　タマゴとアメリカ料理

(1) Marie Kimball, *The Martha Washington Cook Book* (New York, 1940), pp. 43-4.
(2) Florence Eckhart, 'Recipes Tried and True', Ladies' Aid Society of the First Presbyterian Church of Marion, Ohio (1897), Project Gutenberg, www.gutenberg.net.
(3) Yvan D. Lemoine, *Food Fest 365!* (Avon, MA, 2010), p. 293.
(4) Noel Rae, ed., *Witnessing America: The Library of Congress Book of Firsthand Accounts of Life in America, 1600-1900* (New York, 1996), pp. 274, 292, 293, 294, 295.
(5) Parmy Olson, 'Fabergé Egg Goes Back to Its Nest', *Forbes* (November 2007).

第5章　タマゴ・ビジネス

(1) Andrew F. Smith, ed., *The Oxford Encyclopedia of Food and Drink in America* (New York, 2004), vol. 1, pp. 425-8.
(2) 同前
(3) Jessie M. Laurie, *A War Cookery Book for the Sick and Wounded: Compiled from the Cookery Books by Mrs. Edwards, Miss May Little, etc., etc.* (London, 1914), pp. 16-18, http://digital.library.wisc.edu.
(4) Kimberly L. Stewart, *Eating Between the Lines* (New York, 2007), pp. 73-94.
(5) 同前

第6章　「タマゴとニワトリ」論争

(1) Harold McGee, *On Food and Cooking* (New York, 2004), pp. 69-70.［ハロルド・マギー『マギー　キッチンサイエンス―食材から食卓まで』香西みどり監訳，共立出版，2008年］
(2) Venetia Newall, *An Egg at Easter: A Folklore Study* (Bloomington, IN, 1971).
(3) Sherwood Anderson, *Triumph of the Egg: A Book of Impressions from American Life in Tales and Poems* (New York, 1921).［シャーウッド・アンダソン「卵の勝利」（『20世紀英米文学案内』第8巻，研究社出版，1968年収録］

第7章　タマゴから生まれる世界

(1) Anna Barrows, *Eggs: Facts and Fancies About Them* (Boston, MA, 1890).
(2) 'The Art of the Egg', at http://madsilence.wordpress.com (2007).
(3) Ben Macintyre, 'Gory Reality Behind Nursery Rhymes', *The Times*, London (30 August 2008).

第2章　タマゴの歴史

(1) Kenneth F. Kiple and Kreimhild C. Ormelas, *Cambridge World History of Food* (Cambridge, 2000), vol. 1, p. 499.［ケネス・F・カイペル他『ケンブリッジ世界の食物史大百科事典（1）』石毛直道訳，朝倉書店，2005年］
(2) Joe G. Berry, 'Artificial Incubation', www.thepoultrysite.com, 15April 2009.
(3) Maguelonne Toussaint-Samat, *History of Food*, trans. Anthea Bell (New York,1992), p. 356.［マグロンヌ・トゥーサン＝サマ『世界食物百科――起源・歴史・文化・料理・シンボル』玉村豊男訳，原書房，1998年］
(4) H. Thurston, 'Lent In', *The Catholic Encyclopedia* (New York, 1910), www.newadvent.org.
(5) D. Allen, *Irish Traditional Cooking*, ed. K. Cathie (London, 1998), p.118.
(6) Mairtin Mac Con Iomaire and Andrea Cully, 'The History of Eggs in Irish Cuisine and Culture', in *Proceedings of the Oxford Symposium on Food and Cookery 2006*, ed. Richard Hosking (London, 2007), pp. 137-47.
(7) Naomichi Ishige, 'Eggs and the Japanese', in *Proceedings of the Oxford Symposium on Food and Cookery 2006*, ed. Hosking, p. 104.
(8) Charles Perry, 'Moorish Ovomania', in *Proceedings of the Oxford Symposium on Food and Cookery 2006*, ed. Hosking, pp. 100-06.
(9) Clifford A. Wright, *A Mediterranean Feast* (New York, 1999), p. 136.
(10) Ken Albala, 'Ovophilia in Renaissance Cuisine', in *Proceedings of the Oxford Symposium on Food and Cookery 2006*, ed. Hosking, pp. 11-19.
(11) Reay Tannahill, *Food in History* (New York, 1973), pp. 82, 83, 93, 94, 113, 174, 175, 283.［レイ・タナヒル『食物と歴史』小野村正敏訳，評論社，1980年］
(12) 同前
(13) G. Gershenson, 'Crème de la Crème', *Saveur*, CXLVIII (2012), p. 46.
(14) Ian Kelley, *Cooking for Kings: The Life of Antonin Careme, the First Celebrity Chef* (New York, 2003).［イアン・ケリー『宮廷料理人アントナン・カレーム』村上彩訳，ランダムハウス講談社，2005年］

第3章　タマゴなくして料理なし

(1) Global Industry Analysts Inc., 'Eggs: A Global Strategic Business Report' (San José, CA, 2010).
(2) Karen Hursh Graber, 'Eggs: A Mexican Staple from Soup to Dessert' (2008), at www.mexconnect.com.

注

序章　タマゴをめぐるあれこれ

(1) Martin Yan, *Martin Yan's Culinary Journey through China* (San Francisco, CA, 1995), p. 58.

(2) Harold McGee, *On Food and Cooking* (New York, 2004), pp. 84-117.［ハロルド・マギー『マギー　キッチンサイエンス――食材から食卓まで』香西みどり監訳，共立出版，2008 年］

(3) Select Committee on Nutrition and Human Needs, U.S. Senate, 'Dietary Goals for the United States' (Washington, DC, 1977).

(4) Public Law 101-445, Title III, 7 USC 5301et seq.

(5) USDA, 'Dairy and Egg Products', www.ars.usda.gov/nutrientdata, accessed 29 August 2013.

(6) American Egg Board, *The Incredible Edible Egg: Eggcyclopedia* (Park Ridge, IL, 1999).

(7) 'Medicine: The Egg and He', *Time* (May 1946).

第 1 章　タマゴほど完璧なものはない

(1) Urbain de Vandenesse, 'Egg White', *The Encyclopedia of Diderot et d'Alembert*, Collaborative Translation Project, trans. A. Wendler Uhteg, University of Michigan Library (Ann Arbor, MI, 2011). Originally published as 'Blanc d'oeuf ', *Encyclopédie ou Dictionnaire raisonné des sciences, des arts et des métiers* (Paris, 1752), vol. II, p. 272.

(2) 同前

(3) John Ayto, *An A-Z of Food and Drink* (Oxford and New York, 2002), p.117.

(4) Isabella Beeton, *Mrs Beeton's Book of Household Management*, 3rd edn (New York, 1977), p. 823.

(5) Dal Stivens, *The Incredible Egg: A Billion Year Journey* (New York, 1974), p.318.

(6) Gareth Huw Davies, 'The Life of Birds: Parenthood', www.pbs.org/lifeofbirds, accessed 28 August 2013.

(7) Ian Phillips, 'The Man Who Unboiled an Egg', *The Observer* (19 February 2010).

(8) Kent Steinriede, 'Food, With a Side of Science', *Scientist Magazine*, Ontario (July 2012).

(9) Philip Dowell and Adrian Bailey, *Cooks' Ingredients* (New York,1980), p.236

ダイアン・トゥープス（Diane Toops）
食に関する専門誌 Food Processing 誌の編集記者として 24 年間活躍。専門性の高い記事を執筆し，数々の受賞歴もある優れたジャーナリストだったが，2012 年に惜しまれつつ死去。本書は著者の最初にして最後の著作となった。

村上彩（むらかみ・あや）
1960 年生まれ。上智大学大学院国際関係論修士課程修了。翻訳家。訳書に『宮廷料理人アントナン・カレーム』（ランダムハウス講談社），『クラウド化する世界』（翔泳社），『不平等について——経済学と統計学が語る 26 の物語』（みすず書房）など。

「食」の図書館

タマゴの歴史

●

2014 年 *9* 月 *26* 日　第 *1* 刷

著者……………ダイアン・トゥープス
訳者……………村上 彩
翻訳協力……………株式会社リベル
装幀……………佐々木正見
発行者……………成瀬雅人
発行所……………株式会社原書房

〒 160-0022 東京都新宿区新宿 1-25-13
電話・代表 03(3354)0685
振替・00150-6-151594
http://www.harashobo.co.jp

本文組版……………有限会社一企画
印刷……………シナノ印刷株式会社
製本……………東京美術紙工協業組合

ISBN 978-4-562-05099-4, Printed in Japan

ミルクの歴史 《「食」の図書館》

ハンナ・ヴェルテン／堤理華訳

おいしいミルクには波瀾万丈の歴史があった。古代の搾乳法から美と健康の妙薬と珍重された時代、危険な「毒」と化したミルク産業誕生期の負の歴史、今日の隆盛までの人間とミルクの営みをグローバルに描く。　2000円

ジャガイモの歴史 《「食」の図書館》

アンドルー・F・スミス／竹田円訳

南米原産のぶこつな食べものは、ヨーロッパの戦争や飢饉、アメリカ建国にも重要な影響を与えた！　波乱に満ちたジャガイモの歴史を豊富な写真と共に探検。ポテトチップス誕生秘話など楽しい話題も満載。　2000円

スープの歴史 《「食」の図書館》

ジャネット・クラークソン／富永佐知子訳

石器時代や中世からインスタント製品全盛の現代までの歴史を豊富な写真とともに大研究。西洋と東洋のスープの決定的な違い、戦争との意外な関係ほか、最も基本的な料理「スープ」をおもしろく説き明かす。　2000円

ビールの歴史 《「食」の図書館》

ギャビン・D・スミス／大間知 知子訳

ビール造りは「女の仕事」だった古代、中世の時代から近代的なラガー・ビール誕生の時代、現代の隆盛までのビールの歩みを豊富な写真と共に描く。地ビールや各国ビール事情にもふれた、ビールの文化史！　2000円

図説 朝食の歴史

アンドリュー・ドルビー／大山晶訳

世界中の朝食に関して書かれたものを収集し、朝食の歴史と人間が織りなす物語を読み解く。面白く、ためになり、おなかがすくこと請け合い。朝食は一日の中で最上の食事だということを納得させてくれる。　2800円

（価格は税別）

世界食物百科　起源・歴史・文化・料理・シンボル

マグロンヌ・トゥーサン＝サマ／玉村豊男監訳

古今東西、文化と料理の華麗なる饗宴。世界を舞台に繰り広げられてきた人類と食文化の歴史を様々なエピソードと共に綴った百科全書。主な項目は、ビールの製法／幸せなキャビアの製法／必要な栄養学ほか。　９５００円

フランス料理の歴史

マグロンヌ・トゥーサン＝サマ／太田佐絵子訳

遥か中世の都市市民が生んだこの料理が、どのようにして今の姿になったのか？　食文化史の第一人者が食と市民生活の歴史を辿り、文化としての料理が誕生するまでの過程を描く。中世以来の貴重なレシピ付。　３２００円

美食の歴史２０００年

パトリス・ジェリネ／北村陽子訳

古代から、未知なる食物を求めて世界中を旅してきた人類。食は我々の習慣、生活様式を大きく変化させ、戦争の原因にもなった。様々な食材の古代から現代までの変遷や、芸術へと磨き上げた人々の歴史。　２８００円

シャーロック・ホームズと見る　ヴィクトリア朝英国の食卓と生活

関矢悦子

目玉焼きじゃないハムエッグや定番の燻製ニシン、各種お茶にアルコールの数々、面倒な結婚手続きや使用人事情、やっぱり揉めてる遺産相続まで、あの時代の市民生活をホームズ物語とともに調べてみました。　２４００円

図説　中国 食の文化誌

王仁湘／鈴木博訳

歴史にのこるさまざまな資料を収集し、中国の飲食文化とはいかなるものであったかを簡潔に解き明かした、第一人者による名著。多くの貴重な図版で当時の食器や饗宴の様子、作法が一目でわかる。　４８００円

（価格は税別）

ルネサンス料理の饗宴　ダ・ヴィンチの厨房から

デイヴ・デ・ウィット／富岡由美、須川綾子訳

ダ・ヴィンチの手稿を中心に、ルネサンス期イタリアの食材・レシピ・料理人から調理器具まで、料理の歴史と発展をさまざまなエピソードとともに綴る。大転換期となったルネサンスの「味」と「食文化」。　2400円

ワインの世界史　海を渡ったワインの秘密

ジャン＝ロベール・ピット／幸田礼雅訳

聖書の物語、詩人・知識人の含蓄のある言葉、またワイン文化にはイギリスが深く関わっているなどの興味深い挿話をまじえながら、世界中に広がるワインの魅力と歴史を描く。ワインの道をたどる壮大な物語。　3200円

ワインを楽しむ58のアロマガイド

ミカエル・モワッセフほか／剣持春夫監修、松永りえ訳

ワインの特徴である香り58種類を丁寧に解説。通常はブドウの品種、産地へと辿るが、本書ではグラスに注いだ香りから、ルーツ探しがスタートする。香りの基礎知識や嗅覚、ワイン醸造なども網羅した必読書。　2200円

パスタの歴史

S・セルヴェンティほか／飯塚茂雄、小矢島聡＝監修、清水由貴子訳

古今東西の食卓で親しまれている、小麦粉を使った食品「パスタ」。イタリアパスタの歴史をたどりながら、工場生産された乾燥パスタと、生パスタである中国麺を比較し、「世界食」の文化を掘り下げていく。　3800円

紅茶スパイ　英国人プラントハンター中国をゆく

サラ・ローズ／築地誠子訳

19世紀、中国がひた隠しにしてきた茶の製法とタネを入手するため、凄腕プラントハンターが中国奥地に潜入。激動の時代を背景に、ミステリアスな紅茶の歴史を描いた、面白さ抜群の歴史ノンフィクション！　2400円

（価格は税別）

ケーキの歴史物語《お菓子の図書館》

ニコラ・ハンブル／堤理華訳

ケーキって一体なに？　いつ頃どこで生まれた？　フランスは豪華でイギリスは地味なのはなぜ？　始まり、作り方と食べ方の変遷、文化や社会との意外な関係など、実は奥深いケーキの歴史を楽しく説き明かす。　２０００円

アイスクリームの歴史物語《お菓子の図書館》

ローラ・ワイス／竹田円訳

アイスクリームの歴史は、多くの努力といくつかの素敵な偶然で出来ている。「超ぜいたく品」から大量消費社会に至るまで、コーンの誕生と影響力など、誰も知らないトリビアが盛りだくさんの楽しい本。　２０００円

チョコレートの歴史物語《お菓子の図書館》

サラ・モス、アレクサンダー・バデノック／堤理華訳

マヤ、アステカなどのメソアメリカで「神への捧げ物」だったカカオが、世界中を魅了するチョコレートになるまでの激動の歴史。原産地搾取という「負」の歴史、企業のイメージ戦略などについても言及。　２０００円

パイの歴史物語《お菓子の図書館》

ジャネット・クラークソン／竹田円訳

サクサクのパイは、昔は中身を保存・運搬するただの入れ物だった!?　中身を真空パックする実用料理だったパイが、芸術的なまでに進化する驚きの歴史。パイにこめられた庶民の知恵と工夫をお読みあれ。　２０００円

パンケーキの歴史物語《お菓子の図書館》

ケン・アルバーラ／関根光宏訳

甘くてしょっぱくて、素朴でゴージャス――変幻自在なパンケーキの意外に奥深い歴史。あっと驚く作り方・食べ方から、社会や文化、芸術との関係まで、パンケーキの楽しいエピソードが満載。レシピ付。　２０００円

（価格は税別）